高职高专先进制造技术规划教材

华中系统数控车床编程与实训

侯先勤　杨海琴　向成刚　等编著

清华大学出版社

北　京

内 容 简 介

本书以华中 HNC-21/22T 系统车削为基础,详细讲解了数控车床的操作及编程方法。本书以实训为目的,前 5 章简单讲解了一些必备的理论知识;第 6、7 章为实训与系统仿真操作;第 8 章讲解了数控车床的维护和保养知识。书中的每个实训都按照数控机床的实际情况,以实训分析、实训操作和实训总结的方式来表述,每个程序都以表格的形式(程序+注释)详细、清晰地编写出来,并且都通过了数控机床的验证。

本书可作为高职高专和中等职业技术学校数控加工、模具制造、机电类专业的实训教材,也可作为数控车床技术工人,中、高级技工和高级技师的培训教材以及从事数控加工的工程技术人员的参考用书。

图书在版编目(CIP)数据

华中系统数控车床编程与实训/侯先勤,杨海琴,向成刚等编著. —北京:清华大学出版社,2011.11
高职高专先进制造技术规划教材

ISBN 978-7-302-26936-6

Ⅰ. ① 华… Ⅱ. ①侯… ②杨… ③向… Ⅲ. ①数控机床:车床-程序设计-高等职业教育-教材
Ⅳ. ①TG519.1

中国版本图书馆 CIP 数据核字(2011)第 195278 号

责任编辑:钟志芳
封面设计:刘 超
版式设计:文森时代
责任校对:姜 彦
责任印制:王秀菊

出版发行:清华大学出版社		地 址:北京清华大学学研大厦 A 座	
http://www.tup.com.cn		邮 编:100084	
社 总 机:010-62770175		邮 购:010-62786544	
投稿与读者服务:010-62776969,c-service@tup.tsinghua.edu.cn			
质 量 反 馈:010-62772015,zhiliang@tup.tsinghua.edu.cn			

印 装 者:北京嘉实印刷有限公司
经 销:全国新华书店
开 本:185×260 印 张:14.25 字 数:329 千字
版 次:2011 年 11 月第 1 版 印 次:2011 年 11 月第 1 次印刷
印 数:1~3000
定 价:32.00 元

产品编号:039956-01

前　　言

本系列教材是依据高职高专职业学校、技工学校数控技术应用专业领域技能型紧缺人才培养培训指导方案和国家颁布的数控技术应用专业教学大纲编写的。全套教材以技能实训为主，涉及目前数控机床的主流操作系统，如 FANUC 系统、SIEMENS 系统和华中系统的车、铣、加工中心，以及主流的自动编程软件——Mastercam、Pro/E、UG 等，并辅以恰当的理论，将理论与实践充分结合，旨在培养既有一定的理论知识，又能编制加工程序，同时能熟练操作数控机床的实用型人才。

本书以华中系统的车削为基础，详细讲解了加工工艺、各系统的编程指令及加工中心的基本操作。此外，还特别添加了华中系统的仿真实训。本书以实训为目的，突出对数控机床编程和操作的实践技能培养，提高学生对所学知识和技能的综合应用能力，进而提高学生的就业竞争力。

本书内容

全书共分 8 章，内容完整，讲解由浅而深，层层剖析，在阐明基本加工原理的同时为读者推荐好的加工方法和经验。本书主要内容包括：

- 第 1 章：数控车床概述。
- 第 2 章：数控加工工艺。
- 第 3 章：切削原理。
- 第 4 章：数控编程基础。
- 第 5 章：华中 HNC-21T 系统数控车床编程指令。
- 第 6 章：华中系统数控车床编程指令。
- 第 7 章：华中 HNC-21T 系统仿真操作。
- 第 8 章：数控车床的维护和保养。

系列教材

本系列教材主要书目如下：

- 《机械制造技术》
- 《机械设计技术》
- 《机械制图》
- 《数控加工工艺及编程》
- 《Mastercam 数控编程》
- 《数控机床维修与维护》
- 《FANUC 数控车床编程与实训》
- 《FANUC 数控铣床编程与实训》
- 《SIEMENS 数控车床编程与实训》
- 《SIEMENS 数控铣床编程与实训》

- 《模具 CAD/CAM 技术（UG）》
- 《模具 CAD/CAM 技术（Pro/E）》
- 《数控机床操作技能及实训》
- 《塑料材料与成型加工》
- 《冷冲压工艺与模具设计》
  ……

- 《UG NX5 中文版编程基础与实践教程》
- 《UG NX5 中文版设计基础与实践教程》
- 《UG NX6 基础教程》
- 《Pro/E Wildfire 4 基础教程》
- 《计算机绘图—AutoCAD 2008 应用教程》
  ……

　　本书第 1～3 章由杨海琴编写；第 4 章由向成刚编写；第 5、6 章由侯先勤编写；第 7 章由王冰编写；第 8 章由王云飞编写；全书由侯先勤任主编，杨海琴、向成刚任副主编。此外，贾宏、田俊飞等也参与了部分内容的编写，在此一并表示感谢。

　　由于时间仓促，加之编者水平有限，书中难免会有疏漏和不足之处，恳请广大读者提出宝贵意见。如有问题可以通过电子邮箱 hjywzpx888@126.com 与编者联系。

编　者

2011 年 9 月

目　　　　录

第1章　数控车床概述

数控车床是一种利用信息处理技术进行自动加工控制和金属切削的机床，主要用来对旋转体零件进行车削、镗削、钻削、铰削和攻丝等工序的加工，一般能用计算机程序对各类控制信息进行处理，如可自动完成内（外）圆柱面、圆锥面、球面、螺纹、槽及端面等工序的切削加工，还可处理逻辑电路难以处理的各种复杂信息。本章将介绍数控车床及车削中心的组成、分类和特点，以及插补和半径补偿原理，使读者对数控机床有一个感性认识，同时为后续的数控编程奠定基础。

 本章要点

- 数控系统的概念及功能
- 数控车床的组成及工作流程
- 数控车床的加工工艺范围及特点
- 数控机床的分类
- 数控车床的分类
- 数控机床的插补

1.1　数控系统的概念及功能

1.1.1 数控系统概述

数控系统是数控机床的核心，数控机床对零件的加工过程是严格按照加工程序所规定的参数及动作执行的。它是一种高效能的自动或半自动机床，具有多轴控制、主轴、进给、刀具补偿、自诊断报警和图形显示等功能，能最大限度地降低故障的发生率，提高工作效率。

1.1.2 相关知识

1.1.2.1　数控系统的概念

1．数控

数控即数字控制（Numerical Control，NC），就是用数字化的信息对机床的运动及其加工过程进行控制的一种方法。简单地说，数控就是采用计算机或专用计算机装置进行数字计算、分析处理，发出相应指令，对机床的各个动作及加工过程进行自动控制的一门技术。

2．计算机数字控制

计算机数字控制（Computer Numerical Control，CNC）是用计算机存储系统软件实现数字控制功能，使数控系统由模拟控制系统发展为数字控制系统。计算机数字控制不论是运算速度、精度，还是系统的稳定性、可靠性，都比传统的数控系统有了很大的提高，为数控技术的发展提供了强大的生命力。

3．数控系统

数控系统是指利用数控技术实现自动控制的系统，是数控机床的核心。它可对 NC 代码进行识别、存储和插补运算，并输出相应的脉冲指令，经驱动伺服系统变换和放大，驱动机床完成相应的动作。数控系统主要用于控制对象的位置、角度、定位精度、定位速度、切削速度、温度和压力等。

4．数控加工

数控加工是把根据工件图样和工艺要求等原始条件编制的加工程序输入数控装置，经数控装置运算处理后转换成驱动伺服机构的指令信号，最后由伺服机构控制机床刀具与工件的相对运动，实现工件的自动加工。

1.1.2.2　数控系统的主要功能

数控系统的功能取决于数控系统硬件和软件的配置。一般说来，数控系统的主要功能如下。

（1）多轴控制功能：控制系统可以控制坐标轴的数目，其中包括平动轴和回转轴。基本平动轴是 X、Y、Z 轴，基本回转轴是 A、B、C 轴。

（2）主轴功能：可实现恒转速、恒线速度、定向停车及倍率开关等功能。

（3）进给功能：包括快速进给（空行程移动）、切削进给、手动连续进给、点动、进给量调整、自动加/减速等功能。

（4）刀具功能：指在数控机床上可以实现刀具的自动选择和自动换刀。

（5）刀具补偿功能：包括刀具位置补偿、半径补偿和长度补偿功能。

（6）插补功能：指数控机床能够实现的运动轨迹，如直线、圆弧、螺旋线和抛物线等。数控机床的插补功能越强，可加工的轮廓种类越多。

（7）辅助编程功能：如固定循环、镜像、图形缩放、子程序、宏程序、坐标轴旋转、极坐标等功能，可以减少手工编程的工作量，降低其难度。

（8）操作功能：数控机床通常具有单程序段运行、跳段执行、连续运行、试运行、图形模拟、机械锁住、暂停和急停等功能。

（9）自诊断报警功能：指数控系统对其软件、硬件故障的自我诊断能力。该功能可用于监视整个机床和加工过程是否正常，并在发生异常时及时报警。

（10）程序管理功能：指对加工程序的检索、编制、插入、删除、更名、锁住、在线编辑（即执行自动加工的同时进行编辑）以及程序的存储、通信等。

（11）图形显示功能：在显示器上进行二维或三维、单色或彩色的图形显示，还可以进行刀具轨迹动态显示。

（12）通信功能：现代数控系统中一般都配有 RS232 或 DNC 接口，可以与上级计算机进行信号的高速传输。高档数控系统还可以与 Internet 相连，以适应 FMS、CIMS 的要求。

1.2　数控车床的组成及工作流程

1.2.1  组成及工作流程概述

数控车床主要由计算机数控系统和数控车床本体组成。数控车床的工作流程首先是根据零件加工图样进行工艺分析，确定加工方案、工艺参数等，然后编写数控加工程序，接着将程序输送给数控装置，最后由伺服系统驱动车床，自动完成相应零件的加工。

1.2.2　相关知识

1.2.2.1　数控车床的组成

传统观点认为，数控车床由程序载体、输入装置、数控系统、伺服系统、位置检测装置和车床主体等组成，但现代数控车床的数控系统都采用模块化结构，伺服系统中的伺服单元和驱动装置为数控系统的一个子系统，输入/输出装置也为数控系统的一个功能模块，所以现代观点认为，数控车床主要由计算机数控系统和数控车床本体组成，如图 1-1 所示。

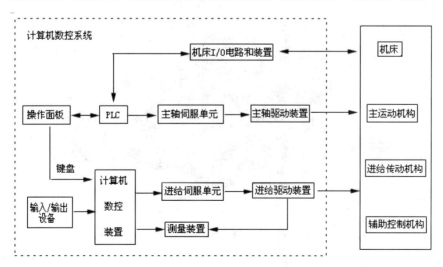

图 1-1　数控车床的组成

1．输入装置

数控车床是按照编程人员编制的程序运行的。通常编程人员将程序以一定的格式或代码存储在一种载体上（如穿孔带或磁盘等），通过数控车床的输入装置输入到数控装置中去。此外，还可以使用数控系统中的 RS232 或 DNC 接口，与计算机进行信号的高速传输。

2．数控装置

数控装置是数控车床的核心，一般由输入装置、控制器、运算器和输出装置组成。它将接收到的数控程序经过编译、数学运算和逻辑处理后，输出各种信号到输出接口上。

3．伺服系统

伺服系统的作用是把来自数控装置的脉冲信号转换成机床移动部件的运动。它接收数控装置输出的各种信号，经过分配、放大和转换，驱动各运动部件完成零件的切削加工。其伺服精度和动态响应是影响数控车床的加工精度、表面质量和生产率的重要因素之一。

4．位置检测装置

位置检测装置根据系统要求不断测定运动部件的位置或速度，并转换成电信号传输到数控装置中，数控装置将接收的信号与目标信号进行比较、运算，对驱动系统不断进行补偿控制，保证运动部件的运动精度。

5．车床主体

数控车床的主体由主轴、床身及导轨、刀架、尾座和进给机构等组成，如图 1-2 所示。它们的设计和制造应该具有结构先进、刚性好、制造精度高、工作可靠等许多优点，才能保证加工零件的高精度和高效率。

1-脉冲编码器　2-主轴　3-z 向滑板　4-X 向滑板

5-X 轴进给电机　6-回转刀架　7-尾座　8-脚踏开关

图 1-2　数控车床的组成结构

1.2.2.2　数控车床的工作流程

数控车床的工作流程示意图如图 1-3 所示。

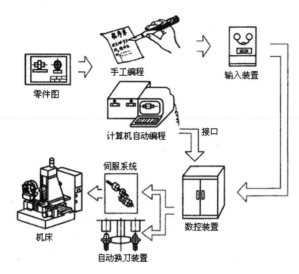

图 1-3　数控车床的工作流程

具体流程介绍如下。

（1）首先根据零件加工图样进行工艺分析，确定加工方案、工艺参数和位移数据。

（2）根据零件结构的复杂程度，编程者用规定的程序代码和格式编写零件加工程序单，或使用自动编程软件进行 CAD/CAM 工作，直接生成零件的加工程序文件。

（3）将加工程序的内容以代码形式完整记录在信息介质（如穿孔带或磁带）上。

（4）通过阅读机把信息介质上的代码转变为电信号，并输送给数控装置。由手工编写的程序，可以通过数控机床的操作面板输入；由编程软件生成的程序，则通过计算机的串行通信接口直接传输到数控机床的数控单元（MCU）。

（5）数控装置将所接收的信号进行一系列处理后，将处理结果以脉冲信号形式向伺服系统发出执行的命令。

（6）伺服系统接到要执行的信息指令后，立即驱动车床机构，使刀具和工件严格按照指令的要求进行位移，自动完成相应零件的加工。

1.3　数控车床的加工工艺范围及特点

1.3.1　加工工艺范围概述

数控车床主要用于加工各种复杂的回转体零件，如进行外圆、内圆、锥面、球面、端面、螺纹、切槽和割断车削加工，同时也可进行各种孔加工，如中心钻孔、钻孔、车孔和铰孔加工等。

 **相关知识**

1.3.2.1 数控车削加工工艺范围

数控车床是数控机床中应用最广泛的一种，在数控车床上可以加工各种复杂的回转体零件，一般车削中心还能进行铣削、钻削以及加工多边形零件。如图 1-4 所示为数控车削加工工艺范围。

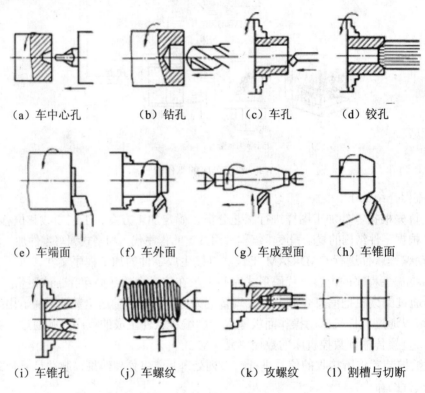

（a）车中心孔　　　（b）钻孔　　　　（c）车孔　　　　（d）铰孔

（e）车端面　　　　（f）车外面　　　　（g）车成型面　　　（h）车锥面

（i）车锥孔　　　　（j）车螺纹　　　　（k）攻螺纹　　　　（l）割槽与切断

图 1-4　车削工艺范围

1.3.2.2 数控车削的特点

1. 数控车床的加工特点

数控车床加工具有以下特点：

（1）自动化程度高

数控加工过程是按输入的程序自动完成的，操作者只需开始时对刀、装卸工件、更换刀具，在加工过程中主要是观察和监督车床运行，大大减轻了操作者的体力劳动强度。但是，由于数控车床的技术含量高，操作者的脑力劳动强度相应提高。

（2）加工的零件精度高、质量稳定

数控车床的定位精度和重复定位精度都很高，较容易保证一批零件尺寸的一致性，只要工艺设计和程序正确、合理，加之精心操作，就可以保证零件获得较高的加工精度，也便于对加工过程实行质量控制。

（3）生产效率高

数控车床加工时能在一次装夹中加工多个加工表面，一般只检测首件，所以可以省去普通车床加工时的不少中间工序，如划线、尺寸检测等，减少了辅助时间和机动时间，而且由于数控加工出的零件质量稳定，为后续工序带来了方便，其综合效率明显提高。

（4）便于新产品的开发和改型

数控加工一般不需要过多复杂的工艺装备，只需编制加工程序即可将形状复杂和精度要求较高的零件加工出来。当产品改型或更改设计时，只要改变程序即可，而无须重新设计工装。因此，数控加工能大大缩短产品研制周期，为新产品的研制开发、产品的改进和改型提供了捷径。

（5）有利于现代化管理

数控车床加工所使用的刀具和夹具可进行规范化、现代化管理。数控车床使用数字信号和标准代码作为控制信息，易于实现加工信息的标准化。它与计算机辅助设计和制造（CAD/CAM）有机地结合起来，是现代集成制造技术的基础。

2．数控车床所用工艺设备的特点

（1）刀架的特点

刀架是数控车床的重要部件，用于安装各种切削加工刀具，其结构直接影响车床的切削性能和工作效率。

转塔式刀架是普遍采用的一种刀架形式，如图 1-5 所示。它通过转塔头的旋转、分度和定位来实现车床的自动换刀工作；两轴连续控制的数控车床，一般都采用 6～12 工位转塔式刀架；排刀式刀架主要用于小型数控车床，适用于短轴或套类零件加工。

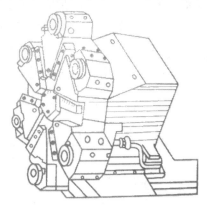

图 1-5　转塔式刀架

（2）刀具的特点

刀具具有以下特点：

① 精度较高、寿命长、尺寸稳定、变化小。数控车床能兼作粗、精车削，为使粗车能大切深、大走刀，要求粗车刀具强度高、耐用度好；精车为保证加工精度，所以要求刀具锋利、精度高、耐用度好。

② 快速换刀。

③ 能较好地控制切削的折断、卷曲和排出。

④ 具有较好的可冷却性。

从结构上看，车刀可分为整体式车刀、焊接式车刀和机械夹固定式车刀（简称机头刀）。整体式车刀主要是整体式高速钢车刀，它具有抗弯强度高、冲击韧性好、制造简单和刃磨方便、刃口锋利等优点；焊接式车刀是将硬质合金刀片用焊接的方法固定在刀体上，经刃磨而成；机械夹固定式车刀可分为机械夹固定式可重磨车刀和机械夹固定式不重磨车刀。数控车床应尽可能使用机夹刀。由于机夹刀在安装时一般不采用垫片调整刀尖高度，所以刀尖高度的精度在制造时就得到了保证。对于长径比较大的内径刀杆，应具有良好的抗震结构。

从刀具的形状看，数控车削中常用的车刀如图 1-6 所示。

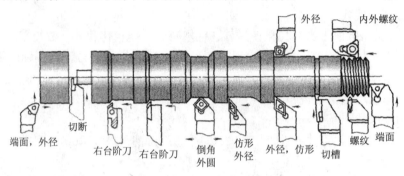

图 1-6 数控车床常用车刀

（3）夹具的特点

在经济型数控车床中，考虑成本的因素，一般使用与普通车床相同的手动自定心卡盘。

在全功能型数控车床中，一般使用自定心液压或气动卡盘。其中，液压动力卡盘用于夹持加工零件，它主要由固定在主轴后端的液压缸和固定在主轴前端的卡盘两部分组成，其夹紧力的大小通过调整液压系统的压力进行控制，具有结构紧凑、动作灵敏且能够实现较大夹紧力的特点。

1.4 数控机床的分类

1.4.1  数控机床分类概述

随着数控技术的飞速发展，数控机床的品种和规格越来越多。其中，金属切削机床常用的有车床、铣床、磨床、刨床、镗床和拉床等。本节将数控机床按运动轨迹和伺服系统分类。其中，按运动轨迹可分为点位控制系统、直线控制系统和轮廓控制系统的数控机床。按伺服系统可分为全闭环伺服系统、半闭环伺服系统和开环伺服系统的数控机床。

相关知识

1.4.2.1　按运动轨迹分类

1. 点位控制系统

点位控制系统的数控机床，其数控装置只能控制刀具从一点到另一点的位置，而不控制移动的轨迹。这是因为点位控制系统的数控机床只要求获得准确的加工坐标点的位置，而对移动轨迹没有严格要求，并且在移动和定位过程中不进行任何加工。为了减少移动部件的运动与定位时间，一般先快速移动到终点附近位置，然后低速准确移动到终点定位位置，以保证良好的定位精度。移动过程中刀具不进行切削。起点到终点的运动轨迹可以是轨迹 1 或轨迹 2 中的任一种，如图 1-7 所示。

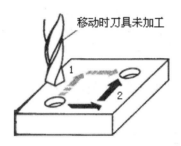

图 1-7　点位控制加工示意图

提示：常见的点位数控机床有数控钻床、数控坐标镗床和数控冲床等。

2. 直线控制系统

直线控制系统的数控机床，不但要求刀具或数控工作台从起点坐标运动到终点坐标，而且要求刀具或数控工作台以给定的速度沿平行于某坐标轴方向运动的过程中进行切削加工。该类系统也可以控制刀具或数控工作台同时在两个轴向以相同的速度运动，从而沿某坐标轴成 45°的斜线进行加工，如图 1-8 所示。

图 1-8　直线控制系统加工示意图

提示：常见的直线数控机床有数控车床、数控镗铣床、数控磨床和数控加工中心等。

3．轮廓控制系统

轮廓控制系统的数控机床，能够对两个或两个以上的坐标轴同时进行控制。它不仅能够控制机床移动部件的起点和终点坐标值，而且能够控制整个加工过程中每一点的速度与位移；既能控制加工轨迹，又能加工出符合要求的轮廓。其加工工件可以用直线插补或圆弧插补的方法进行切削加工。轮廓控制系统加工示意图如图 1-9 所示。

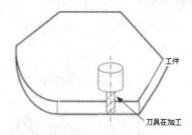

图 1-9　轮廓控制系统加工示意图

提示：常见的轮廓数控机床有数控车床、数控铣床、数控磨床、数控加工中心和线切割等。

1.4.2.2　按伺服系统分类

1．全闭环伺服系统

全闭环伺服系统的数控机床带有位置检测装置，其位置检测装置采用直线位移检测元件，直接安装在机床的移动部件上，将测量结果直接反馈到数控装置中。通过反馈可消除从电动机到机床移动部件整个机械传动链中的传动误差，最终实现精确定位。

本系统的特点是加工精度高、移动速度快，但由于受到进给丝杠的扭转刚度、摩擦阻尼特性和间隙等非线性因素的影响，给调试工作造成很大的困难，而且系统复杂、成本高，故主要适用于精度要求很高的数控机床，如加工中心、数控镗铣床、数控超精车床和数控超精铣床等。全闭环伺服系统结构如图 1-10 所示。

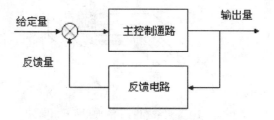

图 1-10　全闭环伺服系统结构

提示：全闭环控制系统的特点是加工精度高、移动速度快，但调试、维修复杂，稳定性难于控制，成本比较高。

2．半闭环伺服系统

大多数控机床采用的是半闭环伺服系统，这类驱动系统在电机的端头或丝杠的端头安装检测元件（如感应同步器或光电编码器等），通过检测其转角来间接检测移动部件的位移，然后反馈到数控系统中。由于大部分机械传动环节未包括在系统闭环环路内，因此可获得较稳定的控制特性。其控制精度虽不如全闭环控制数控机床，但调试比较方便，因而被广泛采用。半闭环伺服系统结构如图 1-11 所示。

提示：半闭环控制系统的特点是加工精度和稳定性较高、价格适中、调试比较容易，兼顾开环和全闭环系统的优点。

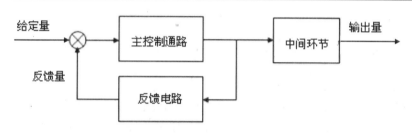

图 1-11　半闭环伺服系统结构

3．开环伺服系统

开环伺服系统的数控机床不带位置检测及反馈装置，通常用步进电机作为执行机构。输入数据经过数控系统的运算，发出脉冲指令，使步进电机轴转过一个角度，再通过机械传动机构把步进电机轴的转动转换为工作台的直线移动，移动部件的移动速度和位移量由输入脉冲的频率和脉冲个数决定。开环伺服系统结构如图 1-12 所示。

开环系统由于没有位置反馈环节，因此具有结构简单、系统稳定、容易调试和成本较低等特点；其缺点是系统没有误差补偿，精度较低。这种系统一般适用于经济型数控机床和旧机床改造。

图 1-12　开环伺服系统结构

提示： 开环控制系统的特点是受步进电动机的步距精度和工作频率以及传动机构的传动精度影响，速度和精度都较低，但其反应迅速、调试方便、工作比较稳定、维修方便、成本较低。

1.5 数控车床的分类

1.5.1  数控车床分类概述

数控车床品种繁多，规格不一，可以按多种方法进行分类。

1.5.2 相关知识

1.5.2.1 按车床主轴位置分类

1．立式数控车床

立式数控车床简称数控立车，如图 1-13 所示。其车床主轴垂直于水平面，由一个直径很大的圆形工作台来装夹工件。这类机床主要用于加工径向尺寸大、轴向尺寸相对较小的大型复杂零件。

2．卧式数控车床

卧式数控车床又分为数控水平导轨卧式车床和数控倾斜导轨卧式车床（其倾斜导轨结构可以使车床具有更大的刚性，并易于排除切屑），如图 1-14 所示。

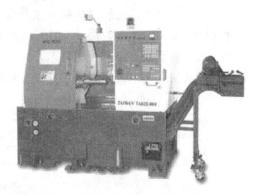

图 1-13　立式数控车床 　　　　　图 1-14　卧式数控车床

1.5.2.2　按加工零件的基本类型分类

1．卡盘式数控车床

卡盘式数控车床没有尾座，适合车削盘类（含短轴类）零件。卡盘结构多具有可调卡爪或不淬火卡爪（即软卡爪），夹紧方式多为电动或液动控制。

2．顶尖式数控车床

顶尖式数控车床配有普通尾座或数控尾座，适合车削较长的零件及直径不太大的盘类零件。

1.5.2.3　按刀架数量分类

1．单刀架数控车床

这类数控车床一般都配置有各种形式的单刀架，如四工位卧动转位刀架或多工位转塔式自动转位刀架，采用两坐标控制，如图 1-15 所示。

2．双刀架数控车床

这类车床的双刀架配置平行分布，也可以是相互垂直分布，采用 4 坐标控制，如图 1-16 所示。

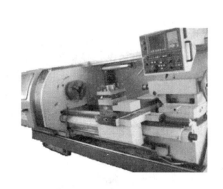

图 1-15　单刀架数控车床　　　　　图 1-16　双刀架数控车床

　　提示：双刀架数控卧式车床多数采用倾斜导轨。

1.5.2.4　按功能分类

1．经济型数控车床

经济型数控车床是采用步进电动机和单片机对普通数控车床的进给系统进行改造后形成的简易型数控车床，其成本较低，但自动化程度和功能都比较差，车削加工精度也不高，适用于要求不高的回转类零件的车削加工，如图 1-17 所示。

2．普通数控车床

普通数控车床是根据车削加工要求在结构上进行专门设计并配备通用数控系统而形成的数控车床，其数控系统功能较强，自动化程度和加工精度也比较高，适用于一般回转类零件的车削加工。这种数控车床可同时控制两个坐标轴，即 X 轴和 Z 轴。

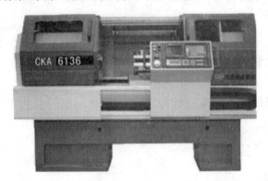

图 1-17　经济型数控车床

3．车削加工中心

车削加工中心在普通数控车床的基础上增加了 C 轴和动力头，更高级的数控车床还带有刀库，可控制 X、Z 和 C 3 个坐标轴，联动控制轴可以是（X,Z）、（X,C）或（Z,C）。由于增加了 C 轴和铣削动力头，这种数控车床的加工功能大大增强，除可以进行一般车削外，还可以进行径向和轴向铣削、曲面铣削、中心线不在零件回转中心的孔和径向孔的钻削等加工。如图 1-18（a）所示为车削中心整体结构，图 1-18（b）所示为车削中心内部。

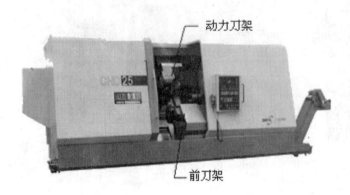

（a）车削中心整体结构　　　　　　　　　　　　　　（b）车削中心内部

图 1-18　车削加工中心

1.5.2.5　按数控车床的布局分类

数控车床床身导轨与水平面的相对位置如图 1-19 所示。它有 4 种布局形式，如图 1-19（a）所示为平床身，图 1-19（b）所示为斜床身，图 1-19（c）所示为平床身斜滑板，图 1-19（d）所示为立床身。

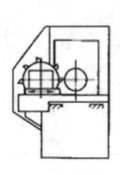 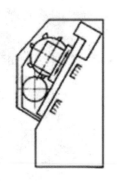 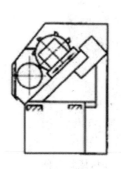 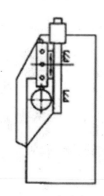

（a）平床身　　　　（b）斜床身　　　（c）平床身斜滑板　　　（d）立床身

图 1-19　数控车床床身导轨与水平面的相对位置

各布局形式的特点如下：

（1）水平床身的工艺性好，便于导轨面的加工。水平床身配上水平放置的刀架可提高刀架的运动精度，一般可用于大型数控车床或小型精密数控车床的布局。但是水平床身下部空间较小，故排屑困难。从结构尺寸上看，刀架水平放置使得滑板横向尺寸较长，从而加大了机床宽度方向的结构尺寸。如图 1-20 所示为水平床身。

图 1-20　数控车床水平床身

（2）水平床身配置倾斜放置的滑板，并配置倾斜式导轨防护罩，这种布局形式一方面有水平床身工艺性好的特点，另一方面机床宽度方向的尺寸较水平配置滑板的要小，且排屑方便。水平床身配上倾斜放置的滑板和斜床身配置斜滑板布局形式被中、小型数控车床普遍采用。这两种布局形式的特点是排屑容易，热铁屑不会堆积在导轨上，也便于安装自动排屑器；操作方便，易于安装机械手，以实现单机自动化；机床占地面积小，外形简单、美观，容易实现封闭式防护。如图 1-21 所示为倾斜床身。

（3）斜床身导轨倾斜的角度分别为 30°、45°、60°、75° 和 90°（称为立式床身，如图 1-22 所示），若倾斜角度小，排屑不便；若倾斜角度大，导轨的导向性差，受力情况也差。导轨倾斜角度的大小还会直接影响机床外形尺寸高度与宽度的比例。综合考虑上面的因素，中小规格数控车床床身的倾斜度以 60° 为宜。

图 1-21　数控车床倾斜床身　　　　　　图 1-22　立式床身

1.6　数控机床的插补

1.6.1　插补概述

计算机数控系统最主要的任务就是根据被加工零件的外形轮廓尺寸以及精度要求编制加工程序，计算出机床各运动坐标轴的进给指令，分别驱动各运动坐标轴协调运动，从而获得刀具相对于工件的理想运动轨迹。该处理过程必须采用插补实现。

1.6.2　相关知识

1.6.2.1　插补的作用及原理

1．插补的作用

在轮廓控制加工中，刀具轨迹必须严格按零件轮廓曲线运动。插补运算的作用是按一定的关系向机床各个坐标轴的驱动控制器分配进给脉冲，使伺服电动机驱动工作台运动，工作台相对主轴的运动轨迹以一定的精度要求逼近所加工零件的外形轮廓尺寸。

2．插补的概念

数控系统的插补是指根据给定的数学函数，在理想的轨迹和轮廓上的已知点之间进行数据密化处理的过程。其任务就是在每一个插补周期内，根据指令、进给速度计算出一个微小的直线段运动，经过若干个插补周期后，刀具从起点运动到终点，完成这段轮廓的加工。

3．插补的基本原理

由工程数学可知，微积分对研究变量问题的基本方法是"无限分割，以直代曲，以不变代变，得微元再无限积累，对近似取极限，求得精确值"。对于数控机床运动轨迹控制的插补运算也正是按这一原理来解决的。概括起来，可描述为"以脉冲当量为单位，进行有限分段，以折代直，以直代曲，分段逼近，相连成轨迹"。需要说明的是，这个脉冲当量与基坐标显示分辨率是一致的，它与加工精度有关，表示插补器每发出一个脉冲，使执行电动机驱动丝杠所走的行程，通常为 0.001～0.01mm/脉冲。

> **提示**：直线和圆弧是构成工件轮廓形状的基本线条，所以大多数数控系统都具有直线和圆弧插补功能。在一些高档数控系统的扩展功能或宏程序中，还会配有抛物线、螺旋线、渐开线和椭圆等插补计算功能。

1.6.2.2　插补分类

插补功能的好坏直接影响系统控制精度和速度，是数控系统的主要技术性能指标，所以插补软件是数控系统的核心软件。多年来人们一直在寻找一种简单有效的插补方法，目前主要采用的方法如下。

（1）数字脉冲乘法器插补法，也称 MIT 法，这是一种直线插补器。

（2）逐点比较法，也称代数运算法。

（3）数字积分插补法，也称数字微分分析法（DDA）。

不同的插补方法适用于不同的场合，在此重点介绍常用的逐点比较法。

1．逐点比较法概述

逐点比较法是被控制的对象在按要求的轨迹运动时，每走一步都要与规定的轨迹比较，由比较结果决定下一步移动的方向。这种方法的特点是运算直观、插补误差不大于一个脉冲当量、输出脉冲均匀且速度变化小、调节方便等，故在数控机床中应用较多。

2．逐点原理

对于直线插补来说，插补过程中每处理一步都要完成以下 4 个工作节拍。

● 偏差判别：判别当前动点偏离理论轨迹的位置。

● 进给控制：确定进给坐标及进给方向。

● 偏差计算：计算出进给后动点（即加工点）到达新位置的新偏差值，作为下一步判别的依据。

● 终点判别：判别是否到达终点。若到达终点，则发出插补完成信息；若未到达终点，则返回去再进行偏差判别，重复上述步骤。

3．逐点比较法直线插补（第一象限直线插补）

如图 1-23 所示，第一象限中有理论轨迹 OA，取轨迹的起点为坐标原点，终点坐标为 $A(X_e, Y_e)$，动点坐标为 $m(X_m, Y_m)$。若每运动一步在 X 或 Y 方向进给一个脉冲当量，插补过程如下。

（1）偏差判别

直线斜率的表达式为：

$$线\ OA\ 的斜率\ K_e = \frac{Y_e}{X_e}$$

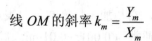

$$线\ OM\ 的斜率\ k_m = \frac{Y_m}{X_m}$$

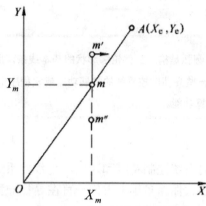

图 1-23 第一象限直线插补

则动点的判别方程 F_m 为：

$$F_m = k_m - K_e$$

① 当动点 m 位于线 OA 上方时，$K_m > K_e$，所以 $Y_m X_e - X_m Y_e > 0$，即 $F_m > 0$。
② 当动点 m 位于线 OA 下方时，$K_m < K_e$，所以 $Y_m X_e - X_m Y_e < 0$，即 $F_m < 0$。
③ 当动点 m 位于线 OA 上时，$K_m = K_e$，所以 $Y_m X_e - X_m Y_e = 0$，即 $F_m = 0$。

其中，F_m 称为偏差函数，若 $F_m = 0$，则动点恰好在直线上；若 $F_m > 0$，则动点在直线上方；若 $F_m < 0$，则动点在直线下方。

（2）进给控制

进给控制的原则是向减少误差的方向前进。直线在第一象限，其终点坐标 X、Y 均为正值，则动点的一步进给应该是 $+\Delta X$ 或 $+\Delta Y$，其他象限可类推。

① 当 $F_m \geqslant 0$ 时，控制刀具向 X 轴正向进给一步，即 $\Delta X = 1$。
② 当 $F_m < 0$ 时，控制刀具向 Y 轴正向进给一步，即 $\Delta Y = 1$。

（3）偏差计算

① 当 $F_m \geqslant 0$ 时，沿 X 轴进给之后，新一点的坐标为（$X_m + 1$, Y_m），新一点的偏差为

$$F_m + 1 = Y_m X_e - (X_m + 1) Y_e = F_m - Y_e$$

② 当 $F_m < 0$ 时，沿 Y 轴进给之后，新一点的坐标为（X_m, $Y_m + 1$），新一点的偏差为

$$F_m + 1 = (Y_m + 1) X_e - X_m Y_e = F_m + X_e$$

（4）终点判别

最常用的方法是设置一个长度计数器，根据脉冲当量的大小计算出所走的总步数，无论 X 轴还是 Y 轴，每输出一个进给脉冲，计数长度就减 1，当计数长度减到 0 时，表示到达终点，插补结束。具体方法有以下 3 种。

① 单向记数

将 X_e 或 Y_e 中数值较大的坐标值作为计数长度。若 $|X_e| > |Y_e|$，则计 X 值，X 走一步，计数长度减 1，直到计数长度为 0，插补停止。此方法的位移误差可控制在一个脉冲当量内。

② 双向计数

将 $N = \dfrac{X_e + Y_e}{P}$ 的数值作为计数长度。用此方法计数，寄存器的长度设置增加，运算量增加。

③ 分别计数

$N_1 = \dfrac{X_e}{P}$、$N_2 = \dfrac{Y_e}{P}$ 独立计数，即 N_1 减为 0，N_2 也减为 0 时，插补停止。此方法插补精度高，但需要两个计数器，同时增加了数控系统的判别时间。

课堂训练　　逐点直线插补实例

加工如图 1-24 所示的直线，用逐点比较法对该直线进行插补，并画出插补轨迹。脉冲当量为 1mm/脉冲，采用双向计数。

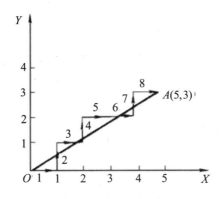

图 1-24　直线插补

解：$X_e=5$，$Y_e=3$，计数长度 $N = \dfrac{X_e + Y_e}{P} = \dfrac{3+5}{1} = 8$，插补自原点开始，$F_o = Y_o X_e - X_o Y_o = 0$，插补过程如表 1-1 所示。

表 1-1　逐点比较法直线插补运算过程

序　号	偏差判别	进　给	偏差计算	终点判别
1	$F_0 = 0$	$+\Delta X$	$F_1 = F_0 - Y_e = 0 - 3 = -3$	$N = 8 - 1 = 7 \neq 0$
2	$F_1 = -3 < 0$	$+\Delta Y$	$F_2 = F_1 + X_e = -3 + 5 = 2$	$N = 7 - 1 = 6 \neq 0$
3	$F_2 = 2 > 0$	$+\Delta X$	$F_3 = F_2 - Y_e = 2 - 3 = -1$	$N = 6 - 1 = 5 \neq 0$
4	$F_3 = -1 < 0$	$+\Delta Y$	$F_4 = F_3 + X_e = -1 + 5 = 4$	$N = 5 - 1 = 4 \neq 0$
5	$F_4 = 4 > 0$	$+\Delta X$	$F_5 = F_4 - Y_e = 4 - 3 = 1$	$N = 4 - 1 = 3 \neq 0$
6	$F_5 = 1 > 0$	$+\Delta X$	$F_6 = F_5 - Y_e = 1 - 3 = -2$	$N = 3 - 1 = 2 \neq 0$
7	$F_6 = -2 < 0$	$+\Delta Y$	$F_7 = F_6 + X_e = -2 + 5 = 3$	$N = 2 - 1 = 1 \neq 0$
8	$F_7 = 3 > 0$	$+\Delta X$	$F_8 = F_7 - Y_e = 3 - 3 = 0$	$N = 1 - 1 = 0$

4．逐点比较法圆弧插补（第一象限圆弧插补）

圆弧插补有顺时针圆弧插补和逆时针圆弧插补之分。无论顺时针圆弧插补还是逆时针圆弧插补，都是以加工点相对于理论圆弧的位置来确定刀具的运动轨迹的。理论圆弧的标准方程式为 $X_e^2 + Y_e^2 = R^2$，加工点（动点）的方程式为 $X_m^2 + Y_m^2 = R_m^2$。如动点落在圆外，则平行于坐标轴方向向圆内走一步；反之，动点落于圆内，则平行于坐标轴方向向圆外走一步。

如图 1-25 所示，坐标原点为圆弧的圆心，圆上两点 $A(X_o, Y_o)$、$B(X_e, Y_e)$，动点 m (X_m, Y_m)。若每运动一步在 X 或 Y 方向进给一个脉冲当量，插补过程如下。

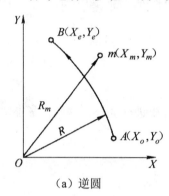
（a）逆圆

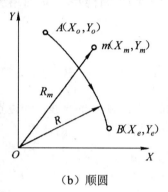
（b）顺圆

图 1-25　第一象限圆弧插补

（1）偏差判别

偏差判别如表 1-2 所示。

（2）进给控制、坐标计算和偏差计算

进给控制、坐标计算和偏差计算如表 1-3 所示。

表 1-2　偏差判别

	顺　圆	逆　圆
圆的一般表达式	$X_e^2 + Y_e^2 = R^2$	$X_e^2 + Y_e^2 = R^2$
动点的方程	$X_m^2 + Y_m^2 = R_m^2$	$X_m^2 + Y_m^2 = R_m^2$
若动点在圆上	$(X_m^2 + Y_m^2) - (X_e^2 + Y_e^2) = 0$	$(X_m^2 + Y_m^2) - (X_e^2 + Y_e^2) = 0$
若动点在圆外	$(X_m^2 + Y_m^2) - (X_e^2 + Y_e^2) > 0$	$(X_m^2 + Y_m^2) - (X_e^2 + Y_e^2) > 0$
若动点在圆内	$(X_m^2 + Y_m^2) - (X_e^2 + Y_e^2) < 0$	$(X_m^2 + Y_m^2) - (X_e^2 + Y_e^2) < 0$
设偏差函数 F_m	$F_m = (X_m^2 + Y_m^2) - (X_e^2 + Y_e^2)$	$F_m = (X_m^2 + Y_m^2) - (X_e^2 + Y_e^2)$

表 1-3　进给控制、坐标计算、偏差计算

条　　件		坐标进给	坐　标　计　算	偏　差　计　算
逆圆	$F_m \geq 0$	$-\Delta X$	$X_{m+1} = X_m - 1;\ Y_{m+1} = Y_m$	$F_{m+1} = F_m - 2X_m + 1$
	$F_m < 0$	ΔY	$X_{m+1} = X_m;\ Y_{m+1} = Y_m + 1$	$F_{m+1} = F_m + 2Y_m + 1$
顺圆	$F_m \geq 0$	$-\Delta Y$	$X_{m+1} = X_m;\ Y_{m+1} = Y_m - 1$	$F_{m+1} = F_m - 2Y_m + 1$
	$F_m < 0$	ΔX	$X_{m+1} = X_m + 1;\ Y_{m+1} = Y_m$	$F_{m+1} = F_m + 2X_m + 1$

（3）终点判别

终点判别根据脉冲当量的大小计算出所走的总步数。

① 单向记数

将 X_e 或 Y_e 中数值较小的坐标值作为计数长度。例如，当 $|X_e|>|Y_e|$ 时，则计 Y 值，Y 走一步，计数长度减 1。此方法的位移误差可控制在一个脉冲当量内。

② 双向计数

将 $N=\dfrac{|X_e-X_o|+|Y_3-Y_o|}{P}$ 作为计数单位，每进给一步，计数器减 1；当长度计数器减为 0 时，插补结束。

课堂训练　圆弧插补实例

插补如图 1-26 所示的逆圆，脉冲当量为 1mm/脉冲，采用双向计数。

解：$X_o=4$，$Y_o=0$，$X_e=0$，$Y_e=4$，计算长度 $N=\dfrac{|0-4|+|4+0|}{1}=8$，插补自点（4，0）开始，$F_0=(4^2+0^2)-(0^2+4^2)=0$，插补过程如表 1-4 所示。

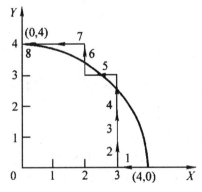

图 1-26　逆圆插补轨迹

表 1-4　逐点比较法圆弧插补运算过程

序　号	偏差判别	进　给	偏差计算	坐标计算	终点判别
1	$F_0=0$	$-\Delta X$	$F_1=F_0-2X_0+1=0-2\times4+1=-7$	$X_1=4-1=3$ $Y_1=0$	$N=8-1=7\neq0$
2	$F_1=-7<0$	ΔY	$F_2=F_1+2Y_1+1=-7+2\times0+1=-6$	$X_2=3$ $Y_2=0+1=1$	$N=7-1=6\neq0$
3	$F_2=-6<0$	ΔY	$F_3=F_2+2Y_2+1=-6+2\times1+1=-3$	$X_3=3$ $Y_3=1+1=2$	$N=6-1=5\neq0$
4	$F_3=-3<0$	ΔY	$F_4=F_3+2Y_3+1=-3+2\times2+1=2$	$X_4=3$ $Y_4=2+1=3$	$N=5-1=4\neq0$

续表

序　号	偏差判别	进　给	偏差计算	坐标计算	终点判别
5	$F_4 = 2 > 0$	$-\Delta X$	$F_5 = F_4 - 2X_4 + 1 = 2 - 2 \times 3 + 1 = -3$	$X_5 = 3 - 1 = 2$ $Y_5 = 3$	$N = 4 - 1 = 3 \neq 0$
6	$F_5 = -3 < 0$	ΔY	$F_6 = F_5 + 2Y_5 + 1 = -3 + 2 \times 3 + 1 = 4$	$X_6 = 2$ $Y_6 = 3 + 1 = 4$	$N = 3 - 1 = 2 \neq 0$
7	$F_6 = 4 > 0$	$-\Delta X$	$F_7 = F_6 - 2X_6 + 1 = 4 - 2 \times 2 + 1 = 1$	$X_7 = 2 - 1 = 1$ $Y_7 = 4$	$N = 2 - 1 = 1 \neq 0$
8	$F_7 = 1 > 0$	$-\Delta X$	$F_8 = F_7 - 2X_7 + 1 = 1 - 2 \times 1 + 1 = 0$	$X_8 = 1 - 1 = 0$ $Y_8 = 4$	$N = 1 - 1 = 0$

以上介绍的直线插补和圆弧插补都是第一象限的，其他 3 个象限的插补运算可以仿照第一象限获得，区别只在于控制进给运动方向的不同。

提示：在上述直线插补与圆弧插补实例中，将脉冲当量的数值均设定为 1mm/脉冲。如将脉冲当量的数值设为 0.01mm/脉冲或 0.001mm/脉冲，则刀具在真正的加工中将走 800 步或 8000 步，每一步的步距都不大于 0.01mm 或 0.001mm，这就是为什么数控机床可以加工高精度零件的真正原因。

1.7　本章精华回顾

（1）数控车床是一种利用信息处理技术进行自动加工控制和金属切削的机床，主要用来对旋转体零件进行车削、镗削、钻削、铰削和攻丝等工序的加工。

（2）数控系统是数控机床的核心，可对 NC 代码进行识别、存储和插补运算，并输出相应的脉冲指令，经驱动伺服系统变换和放大，驱动机床完成相应的动作。

（3）数控车床的工作流程首先是根据零件加工图样进行工艺分析，确定加工方案、工艺参数等，然后编写数控加工程序，接着将程序输送给数控装置，最后由伺服系统驱动车床，自动完成相应零件的加工。

（4）传统观点认为数控车床由程序载体、输入装置、数控系统、伺服系统、位置检测反馈装置和车床主体等组成，而现代观点认为数控车床主要由计算机数控系统和数控车床本体组成。

（5）数控机床按运动轨迹可分为点位控制系统、直线控制系统和轮廓控制系统的数控机床；按伺服系统可分为全闭环伺服系统、半闭环伺服系统和开环伺服系统的数控机床。

（6）插补运算的作用是按一定的关系向机床各个坐标轴的驱动控制器分配进给脉冲，使伺服电动机驱动工作台运动，工作台相对主轴的运动轨迹以一定的精度要求逼近所加工零件的外形轮廓尺寸。

第2章　数控加工工艺

编制数控加工程序时，应考虑机床的运动过程、工件的加工工艺过程、刀具的形状及切削用量和走刀轨迹等方面的问题。若要编制合理的、实用的加工工序，编程人员不仅要了解数控机床的工作原理、性能特点及结构，掌握编程语言和标准程序格式，还应熟练掌握零件的加工工艺、确定合理的切削用量、合理地选用夹具和刀具类型、熟悉检测方法。

 本章要点

- 📖 工艺设计
- 📖 定位基准及装夹方式
- 📖 工艺路线的确定
- 📖 刀具的选择
- 📖 工件的检测

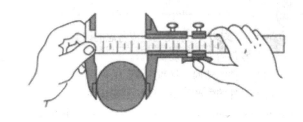

2.1　工艺设计

2.1.1  工艺设计概述

合理的工艺分析是保证数控机床正确编程的重要依据。编程时必须先把工艺设计好，加工工艺的合理与否直接影响工件的质量、劳动生产率和经济效益。加工工艺内容主要包括选择合适的机床、刀具、夹具、走刀路线及切削用量等，只有选择合适的工艺参数及切削策略，才能获得较理想的加工效果。

2.1.2 相关知识

1. 分析零件图

结合产品装配图了解零件在机器中的位置、工作情况和作用，明确其精度和技术要求对装配质量和使用性能的影响。从工艺的角度审查零件图样的视图、尺寸、公差和技术要求的完整性与正确性，加工要求的合理性及零件结构的工艺性等。

提示： 零件结构工艺性的要求如下。

（1）零件各要素的形状尽量简单，面积尽量小，规格尽量标准、统一。

（2）能采用普通设备和标准刀具进行加工，刀具易进入、退出和顺利通过加工表面。

（3）加工面与非加工面、加工面与加工面之间均应明显分开。

2．确定毛坯

确定毛坯要从机械加工和毛坯制造两方面综合考虑最佳效果，包括确定毛坯的种类和制造方法。毛坯种类有铸件、锻件、焊接件和型材等。

提示： 确定毛坯应考虑的因素有：

（1）零件的力学性能要求。

（2）零件的结构形状和尺寸。

（3）零件的生产类型及现场生产条件。

3．拟定工艺路线

拟定工艺路线的主要内容包括定位基准的选择、表面加工方法的选择、加工顺序的安排、加工设备和工艺装备的选择等。

（1）选择机床

① 机床的加工尺寸范围与零件的外廓尺寸相适应。

② 机床的工作精度与工序精度相适应。

③ 机床的生产效率与零件生产类型及现有加工条件相适应。

（2）选择夹具

① 对于单件小批生产采用各种通用夹具、机床附件和组合夹具。

② 对于大批大量生产采用专用高效夹具。

③ 对于多品种、中小批生产，可采用可调夹具或成组夹具。

（3）选择刀具

① 主要取决于加工方法、加工表面、工件材料和加工精度等。

② 尽可能优先采用标准刀具。

③ 必要时采用高生产率的复合刀具及其他专用刀具。

（4）选择量具

① 量具精度需与加工精度相适应。

② 对于单件小批生产，广泛采用通用量具。

③ 对于大批大量生产，采用极限量规和高效的检验仪器来检验夹具。

4．工序设计

工序设计的主要内容包括确定各工序的加工余量、切削用量、工序尺寸及公差、时间定额等。

5．填写工艺文件

将制定的工艺过程各项内容填入一定格式的卡片。

2.2　定位基准及装夹方式

2.2.1　定位基准概述

定位基准在数控机床上要仔细找正。在确定工件装夹方案时，要根据工件上已选定的定位基准确定工件的定位夹紧方式，并选择合适的夹具。定位基准的选择直接影响工件的加工精度、各表面的加工顺序及夹具设计的复杂程度。

2.2.2　相关知识

2.2.2.1　定位基准的作用、分类及原则

1．基准的分类

在机械加工中，装夹工件所使用的定位表面称为定位基准，基准是用来确定生产对象上几何要素间的几何关系所依据的点、线和面，可分为设计基准和工艺基准两大类。

（1）设计基准

在设计图样上采用的基准称为设计基准。如图 2-1 所示的轴，各外圆的设计基准为轴线，长度的设计基准为端面 *B*。

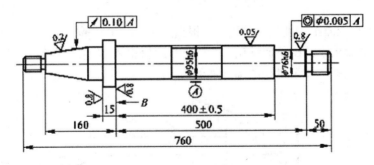

图 2-1　设计基准

（2）工艺基准

在工艺过程中采用的基准称为工艺基准，又分为定位基准、测量基准和装配基准等几种。

① 定位基准

定位基准是在加工中用作定位的基准。用两顶尖安装车削图 2-1 所示的轴时，定位基

准为两端中心孔。

② 测量基准

测量基准是测量时所采用的基准。检验图 2-1 所示轴的圆锥面径向圆跳动时，把 ϕ95h6 外圆放在 V 形架中，并轴向定位，定位基准为 ϕ95h6 外圆。

③ 装配基准

装配基准是装配时用来确定零件或部件在产品中的相对位置所采用的基准。

2. 基准的选择原则

在起始工序中，工件只能选择未经加工的毛坯表面来定位，这种定位称为粗基准；在中间和最终工序中，则选择已加工的表面定位，这种定位称为精基准。由于粗基准和精基准的作用不同，两者的选择原则也不同。

（1）粗基准的选择原则

粗基准的选择原则如下：

① 选择不加工表面作为粗基准。车削如图 2-2 所示的手轮，应选择手轮内缘的不加工表面为粗基准，加工后能保证轮缘厚度基本相等。

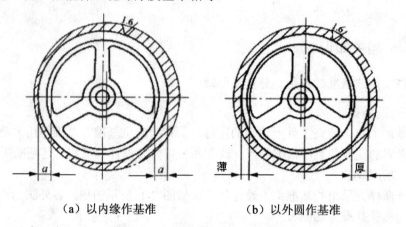

（a）以内缘作基准　　　　　（b）以外圆作基准

图 2-2　车手轮时粗基准的选择

② 对于所有表面都需要加工的零件，根据加工余量最小的表面找正。车削如图 2-3 所示的轴，A 段余量最小，B 段余量较大，粗车时应校正 A 段，适当考虑 B 段的加工余量，这样不会因位置偏移造成余量少的部分加工不出。

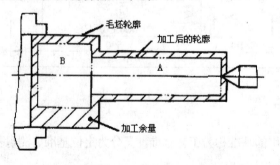

图 2-3　车轴时粗基准的选择

③ 选择比较牢固可靠的表面作为粗基准，否则会使工件夹坏或走动。

④ 选择平整光滑的表面作为粗基准。粗基准不应有浇口、冒口、边、毛刺和其他缺陷，否则会使定位不准确。

⑤ 粗基准不能重复使用。粗基准精度低、表面粗糙度值大，若重复使用毛坯面定位，会使加工表面产生较大的误差。

（2）精基准的选择原则

① 基准重合原则

尽可能采用设计基准或装配基准作为定位基准，这样可减少因基准不重合而产生的误差，容易保证加工精度。一般的套、齿轮和带轮，精加工时利用心轴以内孔定位加工外圆及其他表面，定位基准与装配基准重合，装配时容易达到设计要求的精度。

② 基准统一原则

尽可能使多个表面加工时都采用统一的定位基准作为精基准，这样便于保证各加工表面间的相互位置精度，避免基准变换所产生的误差，提高加工精度，使装夹方便。

 提示： 一般轴类工件在车、铣、磨等工序中始终用中心孔作为精基准。

③ 可靠表面原则

选择面积较大、精度较高、装夹稳定可靠的表面作为精基准，车削如图 2-4 所示的 V 带轮，若以内孔定位，车梯形槽，因内孔较小，心轴刚度不够，容易引起振动。在实际生产中，应根据具体情况进行分析，保证主要技术要求，选用最有利的精基准。

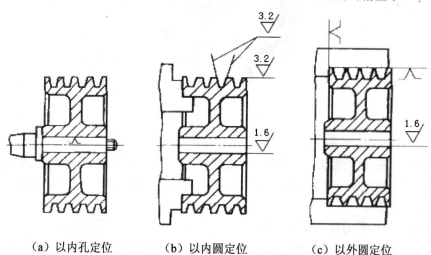

（a）以内孔定位　　　　（b）以内圆定位　　　　（c）以外圆定位

图 2-4 车 V 带轮时精基准的选择

④ 互为基准原则

当两个加工表面加工精度及相互位置要求较高时，可以用面 *A* 为精基准加工面 *B*，再

以面 B 为精基准加工面 A。这样反复加工，逐步提高定位基准的精度，进而达到高的加工要求。

⑤ 自为基准原则

有些精加工或光整加工工序的余量很小，而且要求加工时余量均匀，如以其他表面为精基准，因定位误差过大而难以保证要求，加工时则应尽量选择加工表面自身作为精基准。而该表面与其他表面之间的位置精度则由前工序保证。

2.2.2.2 工件的装夹

车削时，必须将工件安装在车床的夹具上或三爪自定心卡盘上，经过定位、夹紧，使它在整个加工过程中始终保持正确的位置。工件安装是否正确、可靠，直接影响生产效率和加工质量，应该十分重视。由于工件形状、大小的差异和加工精度及数量的不同，在加工时应分别采用不同的安装方法。

1．装夹方式

（1）在三爪自定心卡盘上安装工件

三爪自定心卡盘的 3 个卡爪是同步运动的（如图 2-5 所示），能自动定心（一般不需找正）。但在安装较长的工件时，工件离卡盘夹持部分较远处的旋转中心不一定与车床主轴中心重合，这时必须找正；当三爪自定心卡盘使用时间较长，已失去应有精度，而工件的加工精度要求又较高时，也需要找正。总的要求是使工件的回转中心与车床主轴的回转中心重合。

图 2-5　三爪自定心卡盘

（2）在两顶尖之间安装工件

对于较长或必须经过多道工序才能完成的轴类工件，为保证每次安装时的精度，可用两顶尖装夹。两顶尖安装工件方便，不需找正，而且定位精度高，但装夹前必须在工件的两端面钻出合适的中心孔。

（3）用一夹一顶方法来安装工件

用两顶尖装夹车削轴类工件的优点虽然很多，但其刚性较差，尤其在安装粗大笨重的工件时稳定性不够，切削用量的选择受到限制，这时通常选用一端用卡盘夹住、另一端用顶尖支撑来安装工件，即一夹一顶安装工件（如图 2-6 所示）。

（a）用限位支撑　　　　　　　　　　（b）用工件阶台限位

图 2-6　一夹一顶安装工件

（4）在四爪单动卡盘上安装工件

四爪单动卡盘有 4 个各自独立运动的卡爪 1、2、3 和 4，如图 2-7 所示，它们不能像三爪自定心卡盘的卡爪那样同时作径向移动。4 个卡爪的背面都有半圆弧形螺纹与丝杆啮合，在每个丝杆的顶端都有方孔，用来插卡盘钥匙的方榫，转动卡盘钥匙，便可通过丝杆带动卡爪单独移动，以适应所夹持工件大小的需要。通过 4 个卡爪的相应配合，可将工件装夹在卡盘中。

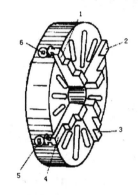

1、2、3、4—卡爪　5、6—带方孔丝杆

图 2-7　四爪单动卡盘

提示：在四爪单动卡盘上找正工件的目的是使工件被加工表面的回转中心与车床主轴的回转中心重合。

2．工件装夹原则

在确定零件的装夹方法时，应注意减少次数，尽可能做到一次装夹后能加工出全部待加工表面，以充分发挥数控机床的功能。夹具选择必须力求结构简单、装卸零件迅速、安装准确可靠。在装夹工件时，应考虑以下几种因素：

① 尽可能采用通用夹具，必要时才设计制造专用夹具。

② 结构设计要满足精度要求。

③ 易于定位和夹紧。

④ 夹紧力应尽量靠近支承点，力求靠近切削部位。

⑤ 抵抗切削力有足够的刚度。

⑥ 易于切屑的清理。

2.3 工艺路线的确定

2.3.1 工艺路线概述

车削加工工艺路线的确定是指定车削工艺规程的重要内容之一，其主要内容包括表面加工方法的选择、加工阶段的划分、工序的集中与分散程度的确定、加工顺序的安排、加工工艺过程的拟定和加工路线的选择等。设计者应根据从生产实践中总结的综合性工艺原则结合本单位的生产条件设定最佳的方案。

2.3.2 相关知识

2.3.2.1 表面加工方法的选择

选择加工方法主要应考虑加工表面的技术要求，还应考虑每种加工方法的加工经济精度范围、材料的性质及可加工性、工件的结构形状和尺寸大小、生产类型及工厂现有设备条件等。

在正常生产条件下，能较经济地达到的精度范围称为该加工方法的经济精度。外圆加工的经济精度与表面粗糙度如表 2-1 所示；内孔加工的经济精度与表面粗糙度如表 2-2 所示；平面加工的经济精度与表面粗糙度如表 2-3 所示。

提示：经济精度的数值不是一成不变的，随着科学技术的发展、工艺的改进和设备及工艺装备的更新，加工经济精度会逐步提高。

表 2-1 外圆加工的经济精度与表面粗糙度

序号	加 工 方 法	经济精度 IT	表面粗糙度 Ra/μm	适 用 范 围
1	粗车	11～13	6.3～25	适用于淬火钢以外的各种金属
2	粗车→半精车	8～10	3.2～6.3	
3	粗车→半精车→精车	7～8	0.8～1.6	
4	粗车→半精车→精车→滚压（或抛光）	6～8	0.025～0.2	
5	粗车→半精车→磨削	7～8	0.4～0.8	主要用于淬火钢，也可用于未淬火钢，但不宜加工有色金属
6	粗车→半精车→粗磨→精磨	6～7	0.1～0.4	
7	粗车→半精车→粗磨→精磨→超精加工	5～6	0.012～0.1	
8	粗车→半精车→粗磨→精磨→研磨	5级以上	0.1	

续表

序号	加 工 方 法	经济精度 IT	表面粗糙度 Ra/μm	适 用 范 围
9	粗车→半精车→粗磨→精磨→镜面磨	5级以上	0.05	
10	粗车→半精车→精车→金刚石车	5～6	0.025～0.2	主要用于要求较高的有色金属

表 2-2　内孔加工的经济精度与表面粗糙度

序号	加 工 方 法	经济精度 IT	表面粗糙度 Ra/μm	适 用 范 围
1	钻	11～13	12.5	加工未淬火钢及铸铁的实心毛坯，也可加工有色金属，孔径小于15～20mm
2	钻→铰	3.2	1.6～3.2	
3	钻→粗铰→精铰	7～8	0.8～1.6	
4	钻→扩	10～11	6.3～12.5	加工未淬火钢及铸铁的实心毛坯，也可加工有色金属，孔径大于15～20mm
5	钻→扩→铰	8～9	1.6～3.2	
6	钻→扩→粗铰→铰	7～8	0.8～1.6	
7	钻→扩→机铰→手铰	6～7	0.2～0.4	
8	钻→扩→拉	7～9	0.1～1.6	大批量生产，精度由拉刀精度决定
9	粗车（扩）	11～13	6.3～12.5	加工未淬火钢及铸件，毛坯有铸孔或锻孔
10	粗车（粗扩）→半精车（精扩）	9～10	1.6～3.2	
11	粗车（粗扩）→半精车（精扩）→精车（铰）	7～8	0.8～1.6	
12	粗车（粗扩）→半精车（精扩）→精车→浮动车刀块	6～7	0.4～0.8	
13	粗车（扩）→半精车→磨	7～8	0.2～0.8	主要用于淬火钢，也可用于未淬火钢，不宜加工有色金属
14	粗车（扩）→半精车→粗磨→精磨	6～7	0.1～0.2	
15	粗车→半精车→精车→金刚石车	6～7	0.05～0.4	主要用于精度要求较高的有色金属加工
16	钻（扩）→粗铰→精铰→珩磨（研磨） 钻（扩）→拉→珩磨（研磨） 粗车（扩）→半精车→精车→珩磨（研磨）	6～7	0.025～0.2	黑色金属精度要求高的大孔加工

表 2-3　平面加工的经济精度与表面粗糙度

序号	加 工 方 法	经济精度 IT	表面粗糙度 Ra/μm	适 用 范 围
1	粗车	11～13	6.3～25	用于淬火钢、铸铁及有色金属的端面加工
2	粗车→半精车	8～10	3.2～6.3	
3	粗车→半精车→精车	7～8	0.8～1.6	
4	粗车→半精车→磨	6～8	0.2～0.8	用于钢、铸铁的端面加工

续表

序号	加 工 方 法	经济精度 IT	表面粗糙度 Ra/μm	适 用 范 围
5	粗刨（粗铣）	11～13	6.3～25	一般用于未淬火平面的加工
6	粗刨（粗铣）→半精刨（半精铣）	8～10	3.2～6.3	
7	粗刨（粗铣）→半精刨（半精铣）→精刨（精铣）	7～8	1.6～3.2	
8	粗刨（粗铣）→半精刨（半精铣）→精刨（精铣）→刮研	5～6	0.1～0.8	用于精度要求较高的平面的加工
9	粗刨（粗铣）→半精刨（半精铣）→精刨（精铣）→宽刃刀低速精刨	5	0.2～0.8	
10	粗刨（粗铣）→半精刨（半精铣）→精刨（精铣）→磨削	5～6	0.2～0.4	
11	粗铣→精铣→磨削→研磨	5级以上	<0.1	
12	粗铣→拉	7～9	0.2～0.8	用于大批量生产未淬火的小平面

2.3.2.2　加工阶段的划分

1．加工阶段的划分

加工质量要求比较高的工件，通常划分为粗加工、半精加工、精加工和光整加工 4 个阶段。

（1）粗加工阶段

切除各加工表面大部分余量，为半精加工提供定位基准和均匀适当的加工余量。

（2）半精加工阶段

为主要表面精加工做好准备，即达到一定的精度、表面粗糙度和加工余量，加工一些次要表面，使其达到技术要求。

（3）精加工阶段

加工主要表面，使各主要表面达到规定的技术要求。

（4）光整加工阶段

对于精度很高、表面粗糙度值很小的表面，要安排光整加工，提高加工表面尺寸精度和表面质量。一般位置精度不提高。

若毛坯余量特别大，表面非常粗糙，粗加工前要安排荒加工阶段。

2．划分加工阶段的原因

划分加工阶段能保证加工质量，有利于合理使用设备，便于安排热处理工序，便于及时发现毛坯缺陷，保护高精度表面少受磕碰损坏。

划分加工阶段应根据具体情况灵活运用，如加工精度要求不高、工件刚性好时，可少划分或不划分加工阶段；刚性好的重型工件，在一次安装中完成粗、精加工。

提示： 划分加工阶段应以工件的主要表面来分析，不应以个别表面和个别工序判断。

2.3.2.3　确定工序的集中与分散程度

1．工序集中

工序集中就是将工件的加工内容集中在少数几道工序内完成，每道工序的加工内容较多，有机械集中和组织集中之分。

工序集中的特点是工件装夹次数减少，易保证表面间位置精度；工序数目减少，可简化生产计划和生产组织工作；机床设备数量减少，操作工人和生产面积相应减少；可采用高效专用设备及工艺装备，生产率高。但其生产准备工作量大、投资大、设备调整维修复杂、转换新产品生产比较困难。

2．工序分散

工序分散就是将工序的加工内容分散在较多工序内完成，每道工序加工的内容较少。

工序分散的特点是设备及工艺装备比较简单，调整维修方便，操作工人易掌握，易适应产品更换；可采用最合适的切削用量，减少基本时间，提高生产率。但其设备数量多、操作工人多、生产面积大、生产管理工作量大。

3．工序集中和工序分散的选用

工序集中和工序分散各有特点，应根据生产类型、现有生产条件和工件情况等进行分析后选用。

单件小批生产采用工序集中；成批生产使用高效设备，采用工序适当集中；大批大量生产使用较复杂的高效设备，采用工序集中；结构简单的工件可采用工序分散；重型工件采用工序集中；精度高、刚性差的精密工件采用工序分散。目前倾向于工序集中。

2.3.2.4　加工顺序的安排

1．加工工序的安排原则

（1）基准先行

在每次粗、精加工工作表面之前，应先粗、精加工基准表面。

（2）先粗后精

各表面的粗、精加工分开，按加工阶段进行。

（3）先主后次

先安排主要表面加工，一些次要表面因加工面小、和主要表面有相互位置要求，可穿插在主要表面加工工序之间进行，但要安排在主要表面最后精加工之前，以免影响主要表面的加工质量。

（4）先面后孔

箱体、支架等工件应先加工平面，后加工孔。这些工件平面轮廓大而平整，以平面定位比较稳定可靠，易保证平面与孔的位置精度。

2．热处理工序的安排

热处理工序的安排是否恰当，对保证工件精度、力学性能和加工顺利进行有重要的影响。常见的热处理有退火、正火、淬火、表面处理和时效等。

（1）预备热处理

预备热处理的目的是改善性能，为最终热处理做准备和消除应力，如正火、退火、时效处理等。它应安排在粗加工前后和需消除应力处，放在粗加工前，可改善材料的加工性能；放在粗加工后，有利于消除粗加工后的残余应力。

（2）最终热处理

最终热处理的目的是提高力学性能，如调质、淬火、渗碳淬火和氮化等都属于最终热处理，应安排在精加工前后。变形较大的热处理（如渗碳淬火、调质）应安排在精加工前；变形较小的热处理（如氮化等），应安排在精加工后。

3．辅助工序的安排

辅助工序安排不当或遗漏，会给后续工序和装配带来困难，影响产品质量，甚至不能使用。辅助工序包括检验、去毛刺、去磁和平衡等。

4．检验工序的安排

检验工序是必不可少的工序，对保证质量、防止生产废品起重要作用。除各工序操作工人自检外，粗加工结束后、送外车间加工前后、重要工序加工前后及全部工序加工完成后还应单独安排检验工序。

2.3.2.5　加工工艺过程的拟定

一般根据零件的加工精度、表面粗糙度、材料、结构形状、尺寸及生产类型确定零件的数控车削加工方法及加工方案。根据表面精度要求可分为粗车、半精车、精车、细车、精密车等方案进行加工。通常情况下，对于需要多台不同数控车床、多道工序才能完成加工的零件，工序划分以机床为单位来进行；而对于只需要很少的数控车床就能完成加工的零件，数控加工工序的划分可按下列方法进行。

（1）以一次安装所进行的加工作为一道工序

将位置精度要求较高的表面安排在一次安装下完成，以免多次安装所产生的安装误差影响位置精度。

（2）以一个完整数控程序连续加工的内容为一道工序

有些零件虽然能在一次安装中加工出很多待加工面，但考虑到程序太长会受到某些限制，如控制系统的限制（主要是内存容量）、机床连续工作时间的限制（如一道工序在一个工作班内不能完成）等，增加出错率及造成查错与检索困难等，因此程序不能太长。这样可以以一个独立、完整的数控加工程序连续加工的内容为一道工序。

（3）以工件上的结构内容组合用一把刀具加工为一道工序

有些零件结构较复杂，既有回转表面也有非回转表面，既有外圆和平面也有内腔和曲面。对于加工内容较多的零件，按零件结构特点将加工内容组合分成若干部分，每一部分用一把典型刀具加工，这时可以将组合在一起的所有部位作为一道工序，然后再将另外组合在一起的部位换一把刀具加工，作为新的一道工序，以减少换刀次数和空程时间。

（4）以粗、精车划分工序

对于容易发生加工变形的零件，通常需要在粗加工后进行矫形，粗加工和精加工作为两道工序，可以采用不同的刀具或不同的数控机床加工。对毛坯余量大和加工精度要求较高的零件，应将粗车和精车分开，划分成两道或更多的工序。

粗加工阶段由于切除余量大，容易引起工件的变形。一方面，毛坯的内应力重新分布而引起变形；另一方面，由于切削力、夹紧力都比较大，而造成工件的受力变形和热变形。在粗加工之后留有一定的时间，再通过逐步减少加工余量和切削用量的办法消除变形。

> **提示**：划分加工阶段可以合理使用数控车床。如粗加工阶段可以使用功率大、精度较低的数控车床，有利于充分发挥粗加工机床的功力；精加工阶段可以使用功率小、精度高的数控车床，有利于长期保持精加工机床的精度。

2.3.2.6 加工路线的选择

选择加工路线的原则如下：

（1）首先按已定工步顺序确定各表面加工进给路线的顺序。

（2）寻求最短加工路线（包括空行程路线和切削加工路线），减少空刀时间以提高加工效率。

（3）选择加工路线时应使工件加工时变形最小，对横截面积小的细长零件或薄壁零件，应采用分几次走刀或对称去余量法安排进给路线。

（4）数控车削加工过程一般要经过循环切除余量、粗加工和精加工 3 道工序，应根据毛坯类型和工件形状确定循环切除余量的方式，以达到减少循环走刀次数、提高加工效率的目的。

（5）轴套类零件安排走刀路线的原则是轴向走刀、径向进刀，循环切除余量的循环终点在粗加工起点附近，这样可以减少走刀次数，避免不必要的空走刀，节省加工时间。

（6）轮盘类零件安排走刀路线的原则是径向走刀、轴向进刀，循环去除余量的循环终点在加工起点。编制轮盘类零件的加工程序时，与轴套类零件相反，是从大直径端开始顺序向前。

（7）铸锻件毛坯形状与加工后零件形状相似，留有一定的加工余量。一般采用逐渐接近最终形状的循环切削加工方法加工。

2.3.2.7 常用零件加工路线的确定方法

（1）轴类零件的加工路线

加工轴类零件时，采用沿 Z 坐标方向切削加工，X 方向进刀、退刀的矩形循环进给路线，如图 2-8 所示。在数控车床上加工轴类零件的方法遵循"先粗后精、由大到小"等基本原则。先对工件整体进行粗加工，然后进行半精车、精车。

在车削时，先从工件的最大直径处开始车削，然后依次往小直径处进行加工。在数控机床上精车轴类工件时，往往从工件的最右端开始，连续不间断地完成整个工件的切削。

（2）盘类零件的加工路线

加工盘类零件时，采用沿 X 坐标方向切削加工，Z 方向进刀、退刀的矩形循环进给路线，如图 2-9 所示。

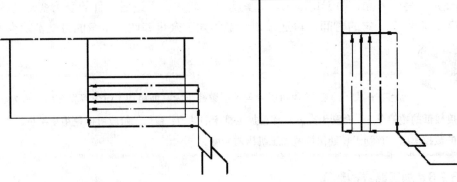

图 2-8　轴类零件常用加工路线	图 2-9　盘类零件常用加工路线

（3）铸件、锻件零件的加工路线

加工余量分布较均匀的铸件、锻件时，采用按零件形状逐渐接近最终尺寸的"仿形"式进给路线，如图 2-10 所示。

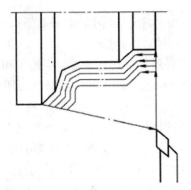

图 2-10　余量分布较均匀的铸、锻件的加工路线

（4）圆锥面的加工路线

加工圆锥面有两种进给路线：一种如图 2-11（a）所示，切削路线与锥面始终平行；另一种则如图 2-11（b）所示，切削锥度由小逐渐接近最终锥度。图 2-11（a）所示路线加工质量较好，但编程计算量较大；图 2-11（b）所示路线编程简单，但加工质量较差。

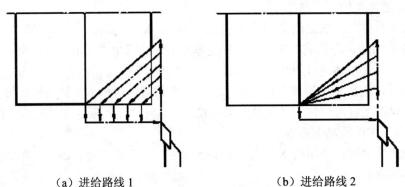

（a）进给路线 1	（b）进给路线 2

图 2-11　圆锥面的加工路线

（5）圆弧面的加工路线

加工圆弧面通常有三角形、同心圆和矩形等方式的加工路线，如图 2-12 所示，不同形式的切削路线有不同的特点。图 2-12（a）所示路线编程计算较为复杂，精加工时切削余量较大；图 2-12（b）所示路线切削时受力较均匀，编程较方便；图 2-12（c）所示路线编程计算量大，精加工刀具受力不均匀。

  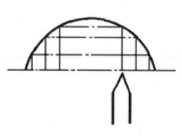

（a）三角形加工路线　　　　（b）同心圆加工路线　　　　（c）矩形加工路线

图 2-12　圆弧面加工路线

（6）最终完工的精加工轮廓的进给路线

在安排精加工进给路线时，零件的完工轮廓应尽可能由最后一刀连续切削完成，并且加工刀具的进、退刀位置不要在连续的轮廓中安排切入/切出或换刀、停顿，以免因切削力突然变化造成弹性变形，致使在已加工面上产生刀痕缺陷。

2.4　刀具的选择

2.4.1 刀具选择概述

数控刀具的选择是数控加工工艺中的重要内容，它不仅影响数控车床的加工效率，而且直接影响加工质量。应根据机床的加工能力、工件材料的性能、加工工序、切削用量以及其他相关因素正确选用刀具及刀柄。

2.4.2 相关知识

2.4.2.1　数控车床常用刀具

数控车削应尽量采用机夹可转位车刀。如图 2-13 所示为机夹可转位外圆车刀的结构，它主要由刀体 1、刀片 3 和刀片紧固系统 2 组成。刀具磨损后，只需松开紧固系统将刀片转位，使新的切削刃进入相应的切削位置即可。由于刀片尺寸精度较高，刀片转位后一般不需要进行较大的刀具尺寸补偿与调整，仅需要少量的位置补偿。

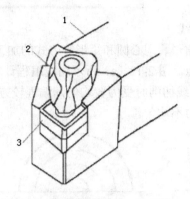

1—刀体　2—刀片紧固系统　3—刀片

图 2-13　机夹可转位外圆车刀的结构

如图 2-14 所示为数控车床和车削加工中心常用的刀具，分为外圆切削刀具、内圆切削刀具、外螺纹刀具和切断刀具等类型。

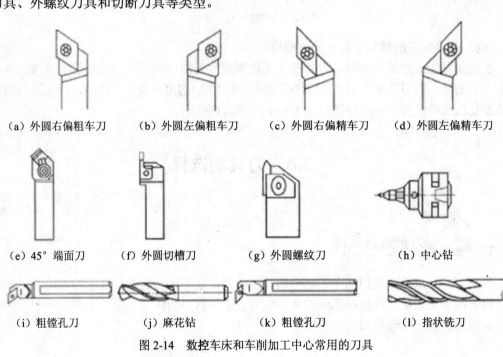

| （a）外圆右偏粗车刀 | （b）外圆左偏粗车刀 | （c）外圆右偏精车刀 | （d）外圆左偏精车刀 |

| （e）45°端面刀 | （f）外圆切槽刀 | （g）外圆螺纹刀 | （h）中心钻 |

| （i）粗镗孔刀 | （j）麻花钻 | （k）粗镗孔刀 | （l）指状铣刀 |

图 2-14　数控车床和车削加工中心常用的刀具

2.4.2.2　数控车刀的用途

常用数控车刀的基本用途如图 2-15 所示。

（1）90°车刀（偏刀）。用来车削工件的外圆、阶台和端面。

（2）45°车刀（弯头车刀）。用来车削工件的外圆、端面和倒角。

（3）切断刀。用来切断工件或在工件上车槽。

（4）内孔车刀。用来车削工件的内孔。

（5）圆头刀。用来车削工件的圆弧面或成形面。

（6）螺纹车刀。用来车削螺纹。

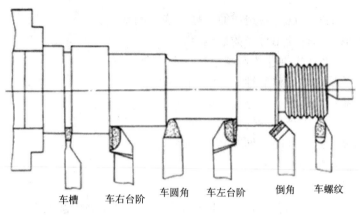

车槽　　　车右台阶　　车圆角　　车左台阶　　倒角　　车螺纹

图 2-15　常用车刀的用途

2.5　工件的检测

2.5.1　工件检测概述

机械加工产品的工作性能和使用寿命，与零件的加工质量和装配精度有直接关系，而零件的加工质量又是整个产品质量的基础。零件的加工质量包括加工精度和表面质量两方面。衡量零件的加工质量主要靠工件的检测来实现，本节详细讲解常用测量仪器的使用方法。

2.5.2　相关知识

2.5.2.1　机械加工表面质量

1．机械加工表面质量的含义

机械加工表面质量的含义有以下两方面内容：

（1）表面的几何特性

① 表面粗糙度。指加工表面的微观几何形状误差。

② 表面波度。是介于几何形状误差与表面粗糙度之间的周期性几何形状误差。

③ 表面纹理方向。指表面刀纹的方向，取决于该表面所采用的机械加工方法及其主运动和进给运动的关系。

④ 伤痕。在加工表面的一些个别位置上出现的缺陷。

（2）表面层物理、化学和力学性能

① 表面层加工硬化（冷作硬化）。

② 表面层金相组织变化及由此引起的表层金属强度、硬度、塑性及耐腐蚀性的变化。

③ 表面层产生残余应力或造成原有残余应力的变化。

2．表面质量对零件使用性能的影响

表面质量对零件使用性能的影响包括以下 4 个方面：

（1）表面质量对零件耐磨性的影响。

（2）表面质量对零件疲劳强度的影响。

（3）表面质量对零件耐腐蚀性的影响。

（4）表面质量对零件配合性及其他性能的影响。

3．加工表面粗糙度及其影响因素

（1）几何因素

从几何的角度考虑，刀具的形状和几何角度，特别是刀尖圆弧半径、主偏角、副偏角和切削用量中的进给量等对表面粗糙度有较大的影响。

（2）物理因素

从切削过程的物理实质考虑，刀具的刃口圆角及后面的挤压与摩擦使金属材料发生塑性变形，严重恶化了表面粗糙度。

（3）工艺因素

从工艺的角度考虑，其对工件表面粗糙度的影响主要有与切削刀具有关的因素、与工件材质有关的因素和与加工条件有关的因素等。

2.5.2.2　加工精度及精度检验方法

加工精度是指加工后零件表面的实际尺寸、形状和相互位置 3 种几何参数与图纸要求的理想几何参数的符合程度。零件实际几何参数与理想几何参数的偏离数值称为加工误差。加工误差的大小反映了加工精度的高低。误差越大，加工精度越低；误差越小，加工精度越高。

尺寸精度是指零件实际的尺寸和零件的理想尺寸相符合的程度，即尺寸准确的程度。尺寸精度是由尺寸公差（简称公差）控制的。同一基本尺寸的零件，公差值的大小决定了零件的精确程度，公差值小的，精度高；公差值大的，精度低。

> **提示**：尺寸精度的检验常用游标卡尺、千分尺等。若测得尺寸在最大极限尺寸与最小极限尺寸之间，零件合格；若测得尺寸大于最大实体尺寸，零件不合格，需进一步加工；若测得尺寸小于最小实体尺寸，零件报废。

1．游标卡尺

游标卡尺是一种比较精密的量具，在测量中用得最多。通常用来测量精度较高的工件，它可测量工件的外直线尺寸、宽度和高度，有的还可用来测量槽的深度。如果按游标的刻度值来分，游标卡尺又分为 0.1mm、0.05mm 和 0.02mm3 种。

（1）游标卡尺的刻线原理与读数方法

以刻度值为 0.02mm 的精密游标卡尺为例，如图 2-16 所示，这种游标卡尺由带固定卡脚的主尺和带活动卡脚的副尺（游标）组成。在副尺上有副尺固定螺钉。主尺上的刻度以 mm 为单位，每 10 格分别标以 1、2、3 等，以表示 10mm、20mm、30mm 等。

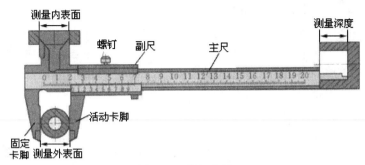

图 2-16　游标卡尺

这种游标卡尺的副尺刻度是把主尺刻度 49mm 的长度分为 50 等份，即每格为：

$$\frac{49}{50} = 0.98 \ （mm）$$

主尺和副尺的刻度每格相差：$1 - 0.98 = 0.02$ （mm）

即测量精度为 0.02mm。使用这种游标卡尺测量工件前，主尺与副尺的 0 线是对齐的，测量时，副尺相对主尺移动，若副尺的第 1 格正好与主尺的第 1 格对齐，则工件的厚度为 0.02mm。同理，测量 0.06mm 或 0.08mm 厚度的工件时，应该是副尺的第 3 格正好与主尺的第 3 格对齐或副尺的第 4 格正好与主尺的第 4 格对齐。

读数方法可分为以下 3 个步骤：

① 先读整数。根据副尺 0 线左面的主尺上的最近刻度读出整毫米数。

② 再读小数。根据副尺 0 线右面与主尺上的刻度对准的刻线数乘以 0.02 读出小数。

③ 得出被测值。将上述整数和小数部分相加，即为总尺寸。

如图 2-17 所示，副尺 0 线所对主尺前面的刻度为 64mm，副尺 0 线后的第 9 条线与主尺的一条刻线对齐。副尺 0 线后的第 9 条线表示：

$$0.02 \times 9 = 0.18 \ （mm）$$

所以被测工件的尺寸为：

$$64 + 0.18 = 64.18 \ （mm）$$

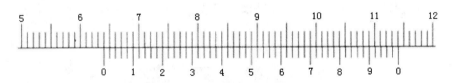

图 2-17　0.02mm 游标卡尺的读数方法

（2）游标卡尺的使用方法与注意事项

① 游标卡尺的使用方法

游标卡尺可用来测量工件的宽度、外径、内径和深度。如图 2-18（a）所示为测量工件宽度的方法，图 2-18（b）所示为测量工件外径的方法，图 2-18（c）所示为测量工件内径的方法，图 2-18（d）所示为测量工件深度的方法。

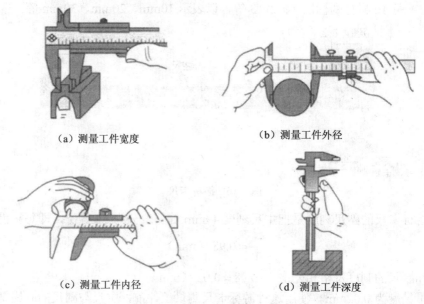

（a）测量工件宽度　　　　　　　（b）测量工件外径

（c）测量工件内径　　　　　　　（d）测量工件深度

图 2-18　游标卡尺的应用

② 注意事项

游标卡尺是比较精密的量具，使用时应注意以下事项：

- 使用前，应先擦干净两卡脚测量面，合拢两卡脚，检查副尺 0 线与主尺 0 线是否对齐；若未对齐，应根据原始误差修正测量读数。
- 测量工件时，卡脚测量面必须与工件的表面平行或垂直，不得歪斜。且用力不能过大，以免卡脚变形或磨损，影响测量精度。
- 读数时，视线要垂直于尺面，否则测量值不准确。
- 测量内孔直径尺寸时，应轻轻摆动，以便找出最大值。
- 使用完后，仔细擦拭并涂上防护油，将其平放在盒内，以防生锈或弯曲。

2．千分尺

千分尺是利用螺旋微动装置测量读数的，其测量精度比游标卡尺更高，为 0.01mm。按用途来分，有外径千分尺、内径千分尺和螺纹千分尺等。通常所说的千分尺是指外径千分尺，如图 2-19 所示。

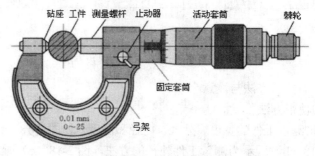

砧座　工件　测量螺杆　止动器　　活动套筒　　棘轮

固定套筒

0.01 mm
0～25

弓架

图 2-19　外径千分尺

（1）千分尺的刻线原理与读数方法

千分尺的读数机构由固定套筒和活动套筒组成，在固定套筒上有上下两排刻度线，刻线每小格为 1mm，相互错开 0.5mm。测微螺杆的螺距为 0.5mm，与螺杆固定在一起的活动套筒的外圆周上有 50 等份的刻度。因此，活动套筒转一周，螺杆轴向移动 0.5mm。如活动套筒只转一格，则螺杆的轴向位移为：

$$\frac{0.5}{50} = 0.01 \ （mm）$$

这样，螺杆轴向位移的小数部分就可从活动套筒上的刻度读出。可见，圆周刻度线用来读出 0.5mm 以下至 0.01mm 的小数值（0.01mm 以下的值可凭经验估出）。

读数可分为以下 3 个步骤：

① 先读整数。读出固定套筒上露出刻线的毫米数和 0.5mm 数。

② 再读小数。读出活动套筒上小于 0.5mm 的小数值。

③ 得出被测尺寸。将上述两部分相加，即总尺寸。

如图 2-20 所示是千分尺的刻线原理和读数示例。图 2-20（a）所示的读数为 12+0.04=12.04（mm）；图 2-22（b）所示的读数为 14.5+0.18=14.68（mm）。

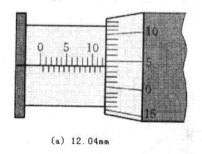
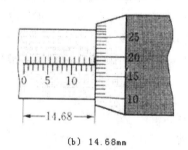

(a) 12.04mm　　　　　　　　　　　　　　(b) 14.68mm

图 2-20　千分尺的刻线原理和读数示例

（2）千分尺的使用方法与注意事项

① 千分尺的使用方法

千分尺的使用方法如图 2-21 所示，其中图 2-21（a）所示是单手操作法，图 2-21（b）所示是双手操作法，图 2-21（c）所示是在车床上测量工件的方法。

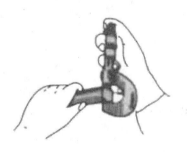

（a）单手使用方法　　　　（b）双手使用方法　　　　（c）在车床上使用的方法

图 2-21　千分尺的使用方法

② 注意事项

为了使千分尺不会意外损坏或过早丧失精度，使用时应注意以下事项：

- 保持千分尺的清洁，测量前、后都必须擦拭干净。
- 使用时应先校对零点，若零点未对齐，应根据原始误差修正测量读数。
- 当测量螺杆快要接近工件时，必须拧动端部棘轮，当棘轮发出打滑声时，表示压力合适，停止拧动。严禁拧动活动套筒，以防用力过度致使测量不准确。
- 千分尺只适用于测量精确度较高的尺寸，不能测量毛坯面，更不能在工件转动时测量。
- 从千分尺上读取尺寸，可在工件未取下前进行，读完后，松开千分尺，再取下工件。也可将千分尺用锁紧钮锁紧后，把工件取下后读数。

3．百分表

（1）百分表的结构原理与读数方法

百分表是一种精度较高的比较量具，它只能测出相对数值，不能测出绝对数值，主要用于测量形状和位置误差，也可用于机床上安装工件时的精密找正。百分表的读数准精度为 0.01mm。其结构原理如图 2-22 所示。当测量杆 1 向上或向下移动 1mm 时，通过齿轮传动系统带动大指针 5 转一圈、小指针 7 转一格。刻度盘在圆周上有 100 个等分格，各格的读数值为 0.01mm。小指针每格读数为 1mm。测量时指针读数的变动量即为尺寸变化量。刻度盘可以转动，以便测量时大指针对准零刻线。

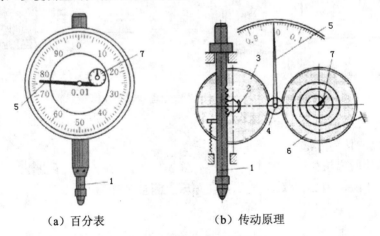

（a）百分表　　　　（b）传动原理

图 2-22　百分表及传动原理

百分表的读数方法为：

① 先读小指针转过的刻度线（即毫米整数）。

② 再读大指针转过的刻度线（即小数部分），并乘以 0.01。

③ 将两者相加，即得到所测量的数值。

（2）百分表的使用方法与注意事项

① 百分表的使用方法

百分表常装在表架上使用，如图 2-23 所示。

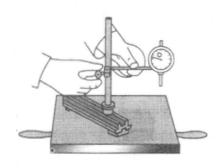

（a）万能表架　　　　　　（b）磁件表架　　　　　　（c）普能表架

图 2-23　百分表表架

　　百分表可用来精确测量零件圆度、圆跳动、平面度、平行度和直线度等形位误差，也可用来找正工件，如图 2-24 所示。

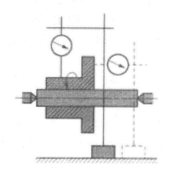

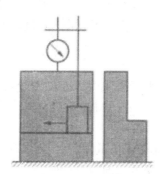

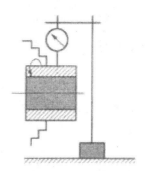

（a）检查外圆对孔的圆跳动　　　（b）检查工件两面的平行度　　　（c）找正外圆

图 2-24　百分表应用举例

② 注意事项

为了使百分表不会意外损坏或过早丧失精度，使用时应注意以下事项：

- 使用前，应检查测量杆活动的灵活性。即轻轻推动测量杆时，测量杆在套筒内的移动要灵活，没有任何轧卡现象，每次松开手后，指针能回到原来的刻度位置。
- 使用时，必须把百分表固定在可靠的夹持架上。切不可贪图省事，随便夹在不稳固的地方，否则容易造成测量结果不准确或摔坏百分表。
- 测量时，不要使测量杆的行程超过其测量范围，不要使表头突然撞到工件上，也不要用百分表测量表面粗糙度高或有显著凹凸的工件。
- 测量平面时，百分表的测量杆要与平面垂直，测量圆柱形工件时，测量杆要与工件的中心线垂直，否则，将使测量杆活动不灵或测量结果不准确。
- 为方便读数，在测量前一般都让大指针指到刻度盘的零位。
- 百分表不用时，应使测量杆处于自由状态，以免使表内弹簧失效。

2.6 本章精华回顾

（1）数控工艺内容主要包括选择合适的数控机床、刀具、夹具、走刀路线及切削用量等，加工工艺合理与否直接影响工件的质量、劳动生产率和经济效益。

（2）在确定工件装夹方案时，要根据工件上已选定的定位基准确定工件的定位夹紧方式，并选择合适的夹具。定位基准的选择直接影响工件的加工精度、各表面的加工顺序及夹具设计的复杂程度。

（3）在确定零件的装夹方法时，应注意减少装夹次数，尽可能做到一次装夹后能加工出全部待加工表面，以充分发挥数控机床的功能。

（4）车削加工工艺路线的主要内容包括表面加工方法的选择、加工阶段的划分、工序的集中与分散程度的确定、加工顺序的安排、加工工艺过程的拟定、加工路线的选择等。设计者应根据从生产实践中总结的综合性工艺原则结合本单位的生产条件设定最佳的方案。

（5）数控刀具选择的合理与否不仅影响数控机床的加工效率，而且直接影响加工质量。因此应根据机床的加工能力、工件材料的性能、加工工序、切削用量以及其他相关因素正确选用刀具及刀柄。

（6）划分加工阶段能保证加工质量，有利于合理使用设备，便于安排热处理工序，便于及时发现毛坯缺陷，保护高精度表面少受磕碰损坏。

（7）预备热处理的目的是改善加工性能，为最终热处理做准备和消除应力，通常安排在粗加工前后和需消除应力处。

（8）最终热处理的目的是提高力学性能，通常安排在精加工前后，变形较大的热处理应安排在精加工前；变形较小的热处理应安排在精加工后。

（9）粗加工阶段由于切除余量大，容易引起工件的变形，一方面毛坯的内应力重新分布而引起变形，另一方面由于切削力、夹紧力都比较大，因而造成工件的受力变形和热变形。通常粗加工后需要进行矫形。

（10）加工精度是零件实际几何参数与理想几何参数的偏离数值程度，加工误差的大小反映了加工精度的高低。误差越大，加工精度越低；误差越小，加工精度越高。

第3章 切削原理

金属切削过程是工件和刀具相互作用的过程。刀具欲从工件上切除一部分金属，并保证在提高生产率和降低成本的前提下，使工件得到符合技术要求的形状、尺寸精度和表面质量。为实现这一切削过程，还必须考虑常用材料的切削性能、刀具的材料及选取等。金属切削原理是研究金属切削加工中有关切削过程的基本规律，并应用这一规律指导生产，以提高加工质量和生产效率。

本章要点

- 📖 切削运动及切削用量
- 📖 常用材料的切削性能
- 📖 改善切削性能的条件
- 📖 车刀的组成及几何参数的设定
- 📖 切削刀具材料

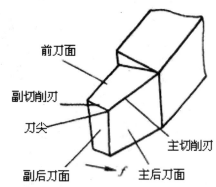

3.1 切削运动及切削用量

3.1.1  切削概述

欲实现切削运动，必须具备以下 3 个条件：第一，工件与刀具之间要有相对运动，即切削运动；第二，刀具材料必须具备一定的切削性能；第三，刀具必须有合理的几何参数，即切削角度等。

3.1.2 相关知识

3.1.2.1 车削的基本概念

1. 切削运动

在切削过程中，为了切除多余的金属，必须使工件和刀具作相对的工作运动。按其作用，切削运动可分为主运动和进给运动两种，如图 3-1 所示。

（1）主运动。指机床的主要运动，它消耗机床的主要动力。车削时，工件的旋转运动是主运动。通常，主运动的速度较高。

（2）进给运动。使工件的多余材料不断被去除的工作运动。如车外圆时的纵向进给运动、车端面时的横向进给运动等。

2．工件上形成的表面

车刀切削工件时，使工件上形成已加工表面、过渡表面和待加工表面，如图 3-1 所示。

（1）待加工表面。工件上有待切除的表面。

（2）过渡表面。工件上由切削刃形成的表面。

（3）已加工表面。工件上经刀具切削后产生的表面。

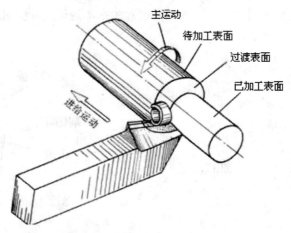

图 3-1　车削运动和工件上的表面

如图 3-2 所示是几种车削加工时，工件上形成的 3 种表面。

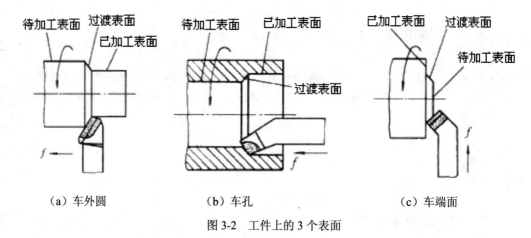

（a）车外圆　　　　　　　（b）车孔　　　　　　　（c）车端面

图 3-2　工件上的 3 个表面

3.1.2.2　切削用量的选择

切削用量是表示主运动及进给运动大小的参数，包括切削深度、进给量和切削速度三要素。在切削运动中必须正确合理地确定切削用量，其具体数值应根据数控机床使用说明书的规定、被加工工件材料的类型（如铸铁、钢材等）、加工工序（如车、铣、钻等粗加工、半精加工、精加工）并结合实际加工经验来确定。

1．切削深度（a_p）

切削深度的工件上已加工表面和待加工表面间的垂直距离，即每次进给时车刀切入工件的深度（单位：mm）。

车外圆时的切削深度（a_p）可按下式计算：

$$a_p = \frac{d_w - d_m}{2}$$

式中，a_p——切削深度，mm；

d_w——工件待加工表面直径，mm；

d_m——工件已加工表面直径，mm。

课堂训练　切削深度实例

已知工件直径为 95mm，现用一次进给车至直径为 90mm，求切削深度。

解：根据公式，$a_p = \dfrac{d_w - d_m}{2} = \dfrac{95 - 90}{2}$ mm=2.5mm

2．进给量（f）

进给量指工件每转一周，车刀沿进给方向移动的距离，如图 3-3 所示。它是衡量进给运动大小的参数（单位：mm/r）。

进给量又分为纵进给量和横进给量两种：

● 纵进给量——沿车床床身导轨方向的进给量。

● 横进给量——垂直于车床床身导轨方向的进给量。

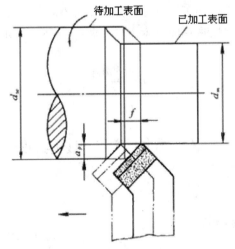

图 3-3　切削深度和进给量

3．切削速度(v_c)

在进行切削加工时，刀具切削刃上的某一点相对于待加工表面在主运动方向上的瞬时速度称为切削速度，也可以理解为车刀在 1min 内车削工件表面的理论展开直线长度（但必须假定切屑没有变形或收缩），如图 3-4 所示。它是衡量主运动大小的参数（单位：m/min）。

切削速度(v_c)的计算公式为：

$$v_c = \frac{\pi d n}{1000}$$

式中，v_c——切削速度，m/min；

d——工件直径，mm；

n——车床主轴转速，r/min。

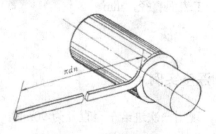

图 3-4　切削速度示意图

 课堂训练　切削速度实例

车削直径 d=60mm 的工件外圆，车床主轴转速 n=600r/min。求切削速度 v_c。

解：根据公式，$v_c = \dfrac{\pi d n}{1000} = \dfrac{3.14 \times 60 \times 600}{1000}$ m/min=113m/min

在实际生产中，往往是已知工件直径，并根据工件材料、刀具材料和加工要求等因素选定切削速度，再将切削速度换算成车床主轴转速，以便调整机床，这时可把切削速度公式改写成：

$$n = \frac{1000 v_c}{\pi d}$$

3.2　常用材料的切削性能

3.2.1　切削性能概述

工件材料的切削加工性能是指材料被切削加工成合格零件的难易程度。某种材料加工的难易，不仅取决于材料本身，还取决于具体的加工要求及切削条件，即涉及刀具耐用度、金属切除率、已加工表面质量、切削力等一系列问题。某种材料在某一加工条件下可能是易加工材料，但在另一种加工条件下又可能是难加工材料。因此，某种材料的加工难易程度只是一个相对的概念。

3.2.2 相关知识

为便于比较各种工件材料的切削加工性能，通常以正火状态 45 钢（σ_b =0.735GP$_a$）的 v_{60} 作为基准，记作 $(v_{60})_j$，而与之相比，比值 K_r 称为该材料的相对加工性能，即

$$K_r = \frac{v_{60}}{(v_{60})_j}$$

凡 K_r 大于 1 的材料，其加工性能比 45 钢好。K_r 越大，加工性能越好；反之亦然。常用金属材料的相对切削加工性能分为 8 级，如表 3-1 所示。

表 3-1　金属材料的切削加工性能等级

加工性能等级	材 料 种 类	相对加工性能 K_r	代表性材料
1	很容易切削的材料	>3.0	铜铅合金、铝镁合金
2	容易切削的材料	2.5～3.0	自动机钢、退火15Cr
3	较易切削的材料	1.6～2.5	30钢正火
4	切削性能一般的材料	1.0～1.6	正火45钢、灰铸铁
5	稍难切削的材料	0.65～1	T8、2Crl3调质
6	较难切削的材料	0.5～0.65	40Cr调质、65Mn调质
7	难切削的材料	0.15～0.5	1Crl8Ni9Ti
8	很难切削的材料	<0.15	钛合金

3.3　改善切削性能的条件

3.3.1 条件概述

工件材料的物理机械性能、化学成分和金相组织是影响切削加工性能的主要因素。在加工时，工件材料已定且不能改变，因此常通过适当的热处理来改变材料的金相组织，以

改善其加工性能。

3.3.2  相关知识

3.3.2.1 影响工件材料切削加工性能的因素

1. 材料的物理机械性能

材料的物理机械性能中，对加工性能影响较大的是硬度、强度、塑性和热导率。材料的硬度高，切削时刀—屑接触长度小，切削力和切削热集中在刀刃附近，刀具易磨损且耐用度低，因此加工性不好。有些材料如高温合金、耐热钢，由于高温硬度高，高温下切削时，刀具材料与工件材料的硬度比降低，使刀具磨损加快，加工性能也不好。另外，硬质点多和加工硬化严重的材料，加工性能也都较差。

强度高的材料切削时，切削力大，切削温度高，刀具易磨损，加工性不好。有些材料（如 1Crl8Ni9Ti）的常温硬度虽然不太高，但高温下仍能保持较高强度，因此加工性能也不好。

强度相近的同类材料，塑性越大，切削中的塑性变形和摩擦就越大，故切削力大，切削温度高，刀具容易磨损；在较低切削速度下切削时，还易产生积屑瘤和鳞刺，使加工表面粗糙度增大。另外，断屑也较困难，故加工性能也不好。

另一方面，塑性太小的材料，切削时切削力、切削热集中在刀刃附近，刀具易产生崩刃，加工性也较差。

在碳素钢中，低碳钢的塑性过大，高碳钢的塑性太小且硬度高，故它们的加工性都不如硬度和塑性都适中的中碳钢好。

热导率通过对切削温度的影响而影响材料的加工性能。热导率大的材料由切屑带走和工件传散出的热量多，有利于降低切削温度，使刀具磨损速率减小，故加工性能好。

另外，材料的韧性大与刀具材料的化学亲和性强，其加工性能也差。

2. 材料的化学成分

材料的化学成分直接影响材料的物理力学性能，进而影响切削加工性能。其中钢的含碳量对加工性能影响很大，含碳量 ω（C）在 0.4%左右的中碳钢加工性能最好，而含碳量低或较高的低、高碳钢均不如中碳钢。另外，钢中的各种合金元素 Cr、Ni、V、Mo、W、Mn 等虽能提高钢的强度和硬度，但却使钢的切削加工性能降低。钢中 Al 和 Si 的含量大于0.3%时，易形成 Al_2O_3 和 SiO_2 等硬质点，加剧刀具磨损，使切削加工性能变差。钢中添加少量的 S、P、Pb、Ca 等能改善其加工性能。

铸铁中的化学元素对切削加工性能的影响主要取决于这些元素对碳的石墨化作用。铸铁元素以两种形式存在，即与铁化合成 Fe_3C 或成为游离石墨。石墨很软，而且具有润滑作用，铸铁中的石墨愈多，愈容易切削，因此，铸铁中如含有 Si、Al、Ni、Cu、Ti 等促进石墨化的因素，就能改善其加工性；如含有 Cr、Mn、V、Mo、Co、S、P 等阻碍石墨化的元

素，则会使铸铁的切削加工性变差。当碳以 Fe_3C 的形式存在时，因 Fe_3C 硬度很高，故会加快刀具的磨损。

3．材料的金相组织

低碳钢中含高塑性、高韧性、低硬度的铁素体组织多，切削时，与刀具发生黏结现象严重，且容易产生积屑瘤，影响已加工表面的质量，故切削加工性能不好。

中碳钢的金相组织主要是珠光体和铁素体，材料具有中等强度、硬度和中等塑性、韧性，切削时，刀具不易磨损，也容易获得高的表面质量，故切削加工性能好。

淬火钢的金相组织主要是马氏体，材料的强度、硬度都很高。马氏体在钢中呈针状分布，切削时会使刀具受到剧烈磨损。

灰铸铁中含有较多的片状石墨，硬度很低，切削时，石墨还能起到润滑作用，使切削力减小。而冷硬铸铁表层材料的金相组织多为渗碳体，具有很高的硬度，很难切削。

3.3.2.2　改善工件材料切削性能的途径

改善材料切削加工性能的主要途径包括调整材料的化学成分和通过适当的热处理来改变材料的金相组织。但在加工时，工件材料已定且不能改变，因此只能通过适当的热处理来改变材料的金相组织，以改善其加工性能。

对于低碳钢，应进行正火处理，适当提高其硬度，降低塑性；对于高碳钢，应进行退火处理，以降低其硬度、强度；对于有白口组织的铸铁件，常采用退火的方法来降低硬度等。这些方法都能改善材料的切削加工性能。

有的工件材料则可通过调质处理，提高硬度、强度，降低塑性来改善切削加工性。如对不锈钢 2Cr13 车螺纹时，常采用调质处理使工件的表面粗糙度得到改善，生产效率也相应提高。

对于一些工件材料，如氮化钢，为了减少工件已加工表面的残余应力，常采用去应力退火（或时效处理），以改善材料的切削加工性能。

此外，毛坯的精度、硬度、组织均匀，都有利于降低切削力的波动，减小加工时的振动和刀具的磨损，从而有利于加工质量特别是表面质量的提高。例如，冷拔料毛坯优于热轧料毛坯，热轧料毛坯优于锻件。因此，提高毛坯质量，对改善材料的切削加工性能也有一定的效果。

> **提示**：随着切削加工技术和刀具材料的发展，工件材料的切削加工性能也会发生变化。例如，电加工的出现，使一些原来认为难加工的材料变得不难加工；又如，随着硬质合金的不断改进及新刀具材料的不断涌现，各种工件材料切削加工性能的差距也将逐渐缩小。

3.4 车刀的组成及几何参数的设定

3.4.1 几何参数概述

合理选择刀具几何参数的目的，是使刀具潜在的切削能力得到充分发挥，从而提高刀具的耐用度，或在保持耐用度不变的情况下提高切削用量，提高生产率。另外，刀具几何参数对切削力的大小和各分力的比值分配、切削热的高低和分布状态、切削的卷曲形状和流屑方向以及加工质量等都有很大的影响。

3.4.2 相关知识

3.4.2.1 车刀的组成

任何车刀都是由刀头（或刀片）和刀体两部分组成的。刀头担负切削工作，又称切削部分；刀体用来装夹车刀。

刀头是由若干刀面和切削刃组成的，如图 3-5 所示。

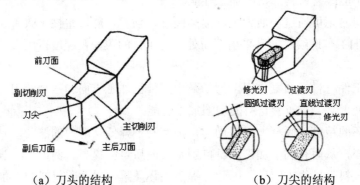

（a）刀头的结构　　　　　　　（b）刀尖的结构

图 3-5　车刀的组成

（1）前刀面。刀具上切屑流过的表面。

（2）后刀面。分主后刀面和副后刀面。与工件上过渡表面相对的刀面称主后刀面；与工件上已加工表面相对的刀面称副后刀面。

（3）主切削刃。前刀面和主后刀面的相交部位，它担负主要的切削工作。

（4）副切削刃。前刀面和副后刀面的相交部位，它配合主切削刃完成少量的切削工作。

（5）刀尖。主切削刃和副切削刃的连接部位。为了提高刀尖强度、延长车刀寿命，很多刀具将刀尖磨成圆弧形或直线形过渡刃，如图 3-5（b）所示。圆弧形过渡刃又称刀尖圆弧。一般硬质合金车刀的刀尖圆弧半径 r_ε =0.5～1mm。

（6）修光刃。副切削刃接近刀尖处一小段平直的切削刃称修光刃。装刀时必须使修光刃与进给方向平行，且修光刃长度必须大于进给量才能起修光作用。

所有车刀都有上述组成部分，但数量并不相同。例如典型的外圆车刀由 3 个刀面、两条切削刃和一个刀尖组成，如图 3-5（a）所示；45°车刀就有 4 个刀面（两个副后刀面）、3 条切削刃和两个刀尖。此外，切削刃可以是直线，也可以是曲线。如车成形面的成形刀就是曲线切削刃。

3.4.2.2　车刀几何参数的设定

1．确定车刀角度的辅助平面

为了确定和测量车刀的角度，需要假想以下 3 个辅助平面作为基准，即切削平面、基面（如图 3-6 所示）和截面（如图 3-7 所示）。

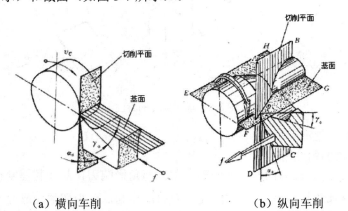

（a）横向车削　　　　　　　　　（b）纵向车削

图 3-6　切削平面和基面

（1）切削平面。通过切削刃上某选定点，切于工件过渡表面的平面。如图 3-6（b）中所示的平面 *ABCD* 即为点 *P* 的切削平面。

（2）基面。通过切削刃上某选定点，垂直于该点切削速度方向的平面。如图 3-6（b）中所示的平面 *EFGH* 即为点 *P* 的基面。

显然，切削平面和基面始终是相互垂直的。对于车削，基面一般通过工件轴线。

（3）截面。通过切削刃上某选定点，同时垂直于切削平面与基面的平面。如图 3-7 所示，以通过点 *P* 的 P_o-P_o 截面为主截面。同理，P_o'-P_o' 截面为副截面。

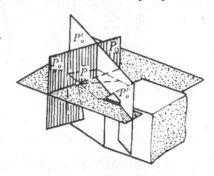

图 3-7　主截面和副截面

2．车刀的角度和主要作用

车刀切削部分共有 6 个独立的基本角度，即前角（γ_o）、主后角（α_o）、副后角（α_o'）、主偏角（k_r）、副偏角（k_r'）和刃倾角（λ_s），以及两个派生角度，即楔角（β_o）和刀尖角（ε_r）。外圆车刀角度的标注如图 3-8 所示。

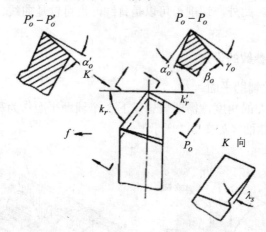

图 3-8　车刀角度的标注

（1）在截面内测量的角度

在截面内测量的角度有：

● 前角（γ_o）。前刀面和基面间的夹角。前角影响刃口的锋利程度和强度，影响切削变形和切削力。前角增大能使车刀刃口锋利，减少切削变形，使切削省力，并使切屑顺利排出；负前角能增加切削刃强度并耐冲击。

● 后角（α_o）。后刀面和切削平面间的夹角。在主截面内测量的是主后角（α_o），在副截面内测量的是副后角（α_o'）。后角的主要作用是减小车刀后刀面与工件的摩擦。

前角和后角的正、负是这样规定的：在主截面中，前刀面与切削平面间夹角小于 90°时前角为正，大于 90°时前角为负；后刀面与基面夹角小于 90°时后角为正，大于 90°时后角为负，如图 3-9 所示。

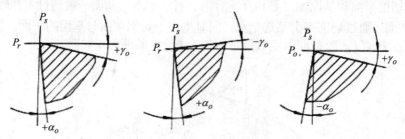

图 3-9　前、后角正负的规定

（2）在基面内测量的角度

在基面内测量的角度有：

● 主偏角（k_r）。主切削刃在基面上的投影与进给运动方向间的夹角。主偏角的主要作用是改变主切削刃和刀头的受力及散热情况。

● 副偏角（k'_r）。副切削刃在基面上的投影与背离进给运动方向间的夹角。副偏角的主要作用是减少副切削刃与工件已加工表面的摩擦。

（3）在切削平面内测量的角度

在切削平面内测量的角度有：

● 刃倾角（λ_s）。主切削刃与基面间的夹角。刃倾角的主要作用是控制排屑方向，当刃倾角为负值时，可增加刀头的强度，并可在车刀受冲击时保护刀尖。

刃倾角有正值、负值和 0° 3 种，如图 3-10 所示。当刀尖位于主切削刃的最高点时，刃倾角为正值（$+\lambda_s$），切削时，切屑排向工件待加工表面方向，如图 3-10（b）所示，切屑不易擦毛已加工表面，车出的工件表面粗糙度小，但刀尖强度较差，尤其是在车削不圆整的工件受冲击时，冲击点在刀尖上，刀尖易损坏；当刀尖位于主切削刃的最低点时，刃倾角为负值（$-\lambda_s$），切削时，切屑排向工件已加工表面方向，如图 3-10（c）所示，容易擦毛已加工表面，但刀尖强度好，在车削有冲击的工件时，冲击点先接触在远离刀尖的切削刃处，从而保护了刀尖，如图 3-10（d）所示；当主切削刃和基面平行时，刃倾角为 0°（$\lambda_s = 0°$），切削时，切屑基本沿垂直于主切削刃方向排出，如图 3-10（a）所示。

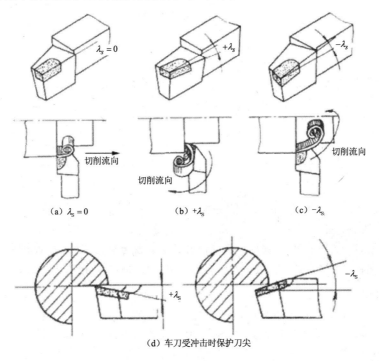

（a）$\lambda_s = 0$　　　　（b）$+\lambda_s$　　　　（c）$-\lambda_s$

（d）车刀受冲击时保护刀尖

图 3-10　刃倾角的作用

● 楔角（β_o）。在主截面内前刀面与后刀面间的夹角。它影响刀头的强度。楔角可用下式计算：

$$\beta_o = 90° - (\gamma_o + \alpha_o)$$

● 刀尖角（ε_r）。主切削刃和副切削刃在基面上的投影间的夹角。它影响刀尖强度和膨热性能。刀尖角可用下式计算：

$$\varepsilon_r = 180° - (k_r + k_r')$$

3．车刀主要角度的初步选择

（1）前角（γ_o）

前角的数值与工件材料、加工性质和刀具材料有关。选择前角的大小主要依据以下几个原则：

① 工件材料软，可选择较大的前角；工件材料硬，应选择较小的前角。车削塑性材料时，可取较大的前角；车削脆性材料时，应取较小的前角。

② 粗加工，尤其是车削有硬皮的铸、锻件时，为了保证切削刃有足够的强度，应取较小的前角；精加工时，为了减小工件的表面粗糙度，一般应取较大的前角。

③ 车刀材料的强度、韧性较差，应取较小前角；反之，可取较大前角。

车刀前角的参考数值如表 3-2 所示。

表 3-2　车刀前角的参考数值

工 件 材 料	刀 具 材 料	
	高 速 钢	硬 质 合 金
	前角（γ_o）数值	
灰铸铁HТl50	0°～5°	5°～10°
高碳钢和合金钢	15°～25°	5°～10°
中碳钢和中碳合金钢	25°～30°	10°～15°
低碳钢	30°～40°	25°～30°
铝及镁的轻合金	35°～40°	30°～35°

（2）后角（α_o）

后角太大，会降低切削刃和刀头的强度；后角太小，会增加后刀面与工件表面的摩擦。选择后角主要依据以下几个原则：

① 粗加工时，应取较小的后角（硬质合金车刀，α_o=5°～7°；高速钢车刀，α_o=6°～8°）。精加工时，应取较大的后角（硬质合金车刀，α_o=8°～10°；高速钢车刀，α_o=8°～12°）。

② 工件材料较硬，后角宜取小值；工件材料较软，则后角取大值。

副后角（α_o'）一般磨成与后角（α_o）相等，但在切断刀等特殊情况下，为了保证刀具的强度，副后角应取很小的数值。

（3）主偏角（k_r）

常用车刀的主偏角有 45°、60°、75° 和 90° 等几种。选择主偏角首先应考虑工件的形状，如加工台阶轴之类的工件，车刀主偏角必须等于或大于 90°；加工中间切入的工件，一般选用 45°～60° 的主偏角。

（4）副偏角（k_r'）

减小副偏角，可以减小工件的表面粗糙度。而副偏角太大时，刀尖角（ε_r）就减小，影响刀头强度。

副偏角一般采用 6°～8°。当加工中间切入工件时，副偏角应取较大值（k_r'=45°～60°）。

（5）刃倾角（λ_s）

一般车削时（工件圆整、切削厚度均匀），取 0° 的刃倾角；断续切削和强力切削时，为了增加刀头强度，应取负的刃倾角；精车时，为了减小工件的表面粗糙度，应取正的刃倾角。

3.5　切削刀具材料

3.5.1 刀具材料概述

切削刀具材料通常指刀具切削部分的材料。在切削过程中，刀具切削部分直接承担切削工作，其切削性能的好坏取决于构成刀具切削部分的材料、几何参数及刀具结构的选择和设计是否合理等因素。切削加工生产率和刀具耐用度的高低、加工精度和表面质量的优劣等，在很大程度上都取决于刀具材料的合理选择。

3.5.2 相关知识

3.5.2.1　切削部分的基本性能

车刀切削部分在很高的切削温度下工作，连续经受强烈的摩擦，并承受很大的切削力和冲击力，所以车刀切削部分的材料必须具备下列基本性能：

（1）硬度

车刀切削部分材料的硬度必须高于被加工材料的硬度。常温下，刀具硬度应在 HRC 60 以上。

（2）耐磨性

刀具材料在切削过程中经受强烈的摩擦，因此必须具有较好的耐磨性。这一性能一方面取决于它的硬度，另一方面取决于它的化学成分和显微组织。

（3）强度和韧性

切削时，车刀要能承受切削力与冲击力。一般用抗弯强度 σ_{bb} 和冲击韧度 a_{ku} 的值来反映材料强度和韧性的高低。

（4）耐热性

刀具磨损的主要原因是热效应，因此，耐热性是衡量刀具材料切削性能的重要指标，它是指在高温下保持材料硬度的性能,可用高温硬度表示,也可用红硬性(维持刀具材料切削性能的最高温度限度)表示。耐热性越好,材料允许的切削速度越高。

(5)工艺性

为了便于刀具的制造和推广使用,要求刀具材料应尽可能具有良好的工艺性(如可磨削加工性、较好的热处理工艺性、较好的焊接工艺性等)与经济性(如资源丰富、价格低廉)。

3.5.2.2 常用的车刀材料

目前常用的车刀材料有高速钢和硬质合金两大类。

1. 高速钢

(1)高速钢的性能

高速钢是含钨、钼、铬、钒等合金元素较多的工具钢。普通高速钢热处理后硬度为 HRC 62~66,抗弯强度 σ_{bb} 约为 3430 MPa,可耐 600℃左右的高温。高速钢刀具制造简单,刃磨方便,容易刃磨得到锋利的刃口,而且韧性较好,能承受较大的冲击力,因此常用于冲击力较大的场合。

(2)高速钢的分类

普通高速钢最常用的有两个品种:

① W18Cr4V。属钨系高速钢,在国内广泛应用,其性能稳定,刃磨及热处理工艺控制较方便。

② W6Mo5Cr4V2。属钨钼系高速钢,最初是国外为解决钨缺乏而研制的,以取代 W18Cr4V(以 1%的钼代换 2%的钨)。其主要优点是钢中合金元素少,减少了碳化物数量及分布的不均匀性,有利于提高塑性、抗弯强度与冲击韧度。加入 3%~5%的钼可改善钢的刃磨加工性。因此,W6Mo5Cr4V2 的高温塑性与韧性都超过 W18Cr4V,而切削性能却大致相同。目前主要用于制造热轧工具,如扭槽麻花钻等。

> **提示**:高速钢特别适用于制造各种结构复杂的成形刀具、孔加工刀具,如成形车刀、螺纹刀具、钻头和铰刀等。高速钢可用于加工的材料范围也很广泛,包括有色金属、铸铁、碳钢和合金钢等,但它的耐热性较差,因此不能用于高速切削。

2. 硬质合金

(1)硬质合金的性能

硬质合金是用钨和钛的碳化物粉末加钴作为黏结剂,高压压制成型后再高温烧结而成的粉末冶金制品。

常用硬质合金牌号中含有大量的 WC、TiC,因此硬度、耐磨性、耐热性均高于工具钢。常温硬度达 HRA 89~94,耐热性达 800℃~1000℃。切削钢时,切削速度可达 220m/min。

(2)硬质合金的分类

切削加工用硬质合金按其切屑排出形式和加工对象的范围可分为 3 个主要类别,分别以字母 P、M、K 表示。P 类适于加工长切屑的黑色金属;M 类适于加工长切屑或短切屑的黑色金属和有色金属；K 类适于加工短切屑的黑色金属、有色金属及非金属材料。

① K 类（钨钴类）硬质合金。由碳化钨（WC）和钴（Co）组成，其代号是 K。这类合金的抗弯强度和韧性较好，因此适用于加工铸铁、有色金属等脆性材料（切削脆性材料时，切屑呈崩碎状，对刀具冲击较大，且切削力集中在切削刃附近）或冲击性较大的场合。K 类合金与钢的粘结温度较低（640℃左右），与钢摩擦时，其耐磨性较差，因此不能用于高速切削钢料，但在切削难加工材料或振动较大（如断续切削塑性金属）的特殊情况下时，由于切削速度不高，而对刀具材料的强度和韧性要求较突出，采用 K 类合金较合适。

K 类合金按不同的含钴量，分为 YG3、YG6、YG8 等多种牌号。牌号中的数字表示钴含量的百分数，其余为碳化钨。含钴量较多的合金（如 YG8），其硬度较低，韧性较好，适合于粗加工；含钴量较少的合金（如 YG3），则硬度、耐磨性和耐热性较高，适合于精加工。

② P 类（钨钛钴类）硬质合金。由碳化钨、碳化钛（TiC）和钴组成，其代号是 P。这类合金的耐磨性和抗粘附性较好，能承受较高的切削温度，所以适用于加工钢或其他韧性较大的塑性金属。但由于它较脆、不耐冲击，不宜加工脆性金属。

P 类合金按不同的含碳化钛量，分为 YT5、YTl5、YT30 等几种牌号。牌号中的数字表示碳化钛含量的百分数。含碳化钛量较少的合金（如 YTS）含钴量多，抗弯强度高，较能承受冲击，适合于粗加工；含碳化钛较多者（如 YT30），含钴量少，耐磨性、耐热性较好，适合于精加工。

③ M 类（钨钛钽（铌）钴类）硬质合金。这类合金是在 P 类合金中添加少量 TaC 或 NbC 而成。其抗弯强度、冲击韧度以及与钢的粘结温度均高于 P 类合金，既可加工铸铁、有色金属，又可加工碳素钢、合金钢。因其能加工多种金属，故又称通用合金，常用牌号为 YW1、YW2，主要用于加工高温合金、高锰钢、不锈钢以及可锻铸铁、球墨铸铁、合金铸铁等难加工的材料。

> **i** 提示：硬质合金的缺点是韧性较差，承受不了大的冲击力。但这一缺陷可通过刃磨合理的刀具角度来弥补，所以硬质合金是目前应用最广泛的一种车刀材料。

3.6 本章精华回顾

（1）欲实现切削运动，必须具备以下 3 个条件：第一，工件与刀具之间要有相对运动，即切削运动；第二，刀具材料必须具备一定的切削性能；第三，刀具必须有合理的几何参数，即切削角度等。

（2）切削运动可分为主运动和进给运动两种。工件的旋转运动是主运动。进给运动是使工件的多余材料不断被去除的工作运动。

（3）切削用量是表示主运动及进给运动大小的参数，包括切削深度、进给量和切削速度三要素。

（4）工件材料的物理机械性能、化学成分和金相组织是影响其加工性能的主要因素。

（5）在工件材料已定且不能改变的前提下，改善材料切削加工性能的主要途径是通过适当的热处理来改变材料的金相组织。

（6）任何车刀都是由刀头（或刀片）和刀体两部分组成的。刀头担负切削工作，又称切削部分；刀体用来装夹车刀。

（7）切削刀具材料通常指刀具切削部分的材料。在切削过程中，刀具切削部分直接承担切削工作，其切削性能的好坏取决于构成刀具切削部分的材料、几何参数及刀具结构的选择和设计是否合理等因素。

（8）选择车刀切削部分的材料时必须注意硬度、耐磨性、强度、韧性、耐热性和工艺性等基本性能。

（9）目前常用的车刀材料有高速钢和硬质合金两大类。

第4章　数控编程基础

本章主要介绍数控车床编程中的通用知识，如数控车床编程的基本概念及编程步骤、数控车床的坐标系及方向、数控车床的基本编程方法和常用指令等。

 本章要点

📖 数控编程原理
📖 数控车床的坐标系及方向
📖 数控车床编程方法
📖 数控车床编程相关说明

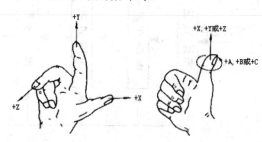

4.1　数控编程原理

4.1.1  原理概述

数控编程是实现数控加工的关键环节，它包括从零件图样分析到获得数控加工程序的全过程，理想的加工程序不仅应保证加工出符合图样要求的合格零件，同时应能使数控机床的功能得到合理的利用与充分的发挥，以使数控机床能安全、可靠、高效地工作。

4.1.2 相关知识

4.1.2.1 数控编程的基本概念

在数控加工中，为使数控机床能根据零件加工的要求进行运动，必须将加工要求以机床数控系统能识别的指令形式指定给数控系统，这种数控系统可以识别的指令称为程序，制作程序的过程称为数控编程。

数控编程的过程不仅指编写数控加工指令代码的过程，它还包括从零件分析到编写加工指令代码，再到制成控制介质以及程序校核的全过程。在编写前首先要进行零件的加工工艺分析，确定加工工艺路线、工艺参数、刀具的运动轨迹、位移量、切削参数（切削速度、进给量、背吃刀量）以及各项辅助功能（换刀、主轴正反转、切削液开关等），接着根据数控机床规定的指令代码及程序格式编写加工程序单，再把这一程序单中的内容记录在控制介质（如软盘、移动存储器、硬盘等）上，检查正确无误后才用手工输入方式或计算机传输方式输入数控机床的数控装置中，从而指挥机床加工零件。

4.1.2.2 数控编程的内容和步骤

数控编程的工作过程主要包括图样分析、辅助准备、制定工艺、数值计算、编制程序、制作控制介质、程序校验和首件试切，如图 4-1 所示。

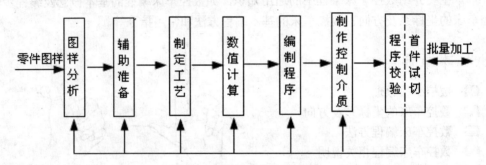

图 4-1 数控编程的一般过程

1. 图样分析

根据加工零件的图样，对零件的形状、尺寸精度、表面粗糙度、工件材料、加工表面和热处理等要求进行工艺分析，以便选择适宜的机床进行加工。

2. 辅助准备

确定机床、刀具、夹具、机床坐标系、编程坐标系、对刀方法、对刀点位置以及机械间隙值等。

3. 制定工艺

选择零件加工的合理方案，确定和分配加工余量，确定刀具运动方向、加工路线、工序、切削用量、程序编制的允许误差等工艺参数，在确定工艺的过程中，应充分考虑所用数控机床的性能，做到加工路线合理、走刀次数少和加工时间短等。

4. 数值计算

根据零件图的几何尺寸、工艺要求及编程的方便设定坐标系，计算零件粗、精加工运动轨迹，得到刀位数据。数控系统一般具有直线和圆弧插补功能，所以对于由直线和圆弧组成的简单零件轮廓，只需计算出几何图素的起点、终点、圆弧的圆心、两图素的交点或切点；对于由非圆曲线或曲面组成的复杂零件，一般可使用 AutoCAD 或 CAXA 等软件进行数值及坐标的计算。

5. 编制程序

根据制定的加工路线、切削用量、刀具号码、刀具补偿及刀具轨迹等条件，按照机床数控系统规定的指令代码及程序格式，逐段编写零件加工程序。对于复杂图样，可使用软件自动编程，常用的编程软件有 Mastercam、UG、Pro/E、CATIA 和 CAXA 等。

6. 制作控制介质并输入程序

将加工程序输入数控机床的方式有光电阅读机、键盘、磁盘、存储卡、RS232 接口及网络等。目前常用的方法有两种：一是通过 MDI 的方式利用数控面板的键盘输入程序到

CNC 系统的存储器中；二是通过计算机与数控系统的通信接口将加工程序传送到 CNC 系统的存储器中。

7．程序校验及首件试切

编制好的数控程序必须经过检验和试切才能正式用于加工。一般可以利用数控软件的仿真模块在计算机上进行模拟加工，以判断是否存在撞刀、少切、过切等情况。也可以将程序在数控机床上空运行或通过图形仿真检验刀具轨迹的正确性，但此方法不能检验被加工零件的加工精度。因此，要进行零件的首件试切。当发现有加工误差时，分析误差产生的原因，并采取措施加以纠正，如修改程序或者进行尺寸补偿等，直至达到零件图纸的要求。

> **提示**：作为一名合格的数控编程人员，不但要熟悉数控机床的结构、数控系统的功能及标准，还要熟悉零件的加工工艺、装夹方法、刀具以及切削用量的设置等方面的知识。

4.1.2.3 数控编程的分类

实现数控编程的方法主要有手工编程和自动编程两种。手工编程一般适用于简单零件的加工，自动编程一般适用于复杂零件及模具的加工。

1．手工编程

（1）手工编程的概念

手工编程是指编制零件数控加工程序的各个步骤，即从零件图纸分析、工艺安排、确定加工路线和工艺参数、计算刀位轨迹坐标数据、编写零件的加工程序单直至程序的检验，均由人工来完成。对于点位加工或几何形状不太复杂的轮廓加工，几何计算较简单，程序段不多，手工编程即可实现。如简单阶梯轴的车削加工，一般不需要复杂的坐标计算，往往可以由技术人员根据工序图纸数据，直接编写数控加工程序。但对于轮廓形状不是由简单的直线、圆弧组成的复杂零件，特别是空间复杂曲面零件，数值计算则相当烦琐，工作量较大，容易出错，且很难校对，采用手工编程是难以完成的。

（2）手工编程的原则

手工编程的原则有以下几点。

① 先粗后精。为了提高生产效率并保证零件的精加工质量，在切削加工时，应先安排粗加工工序，在较短的时间内，将精加工前大量的加工余量去掉，同时尽量满足精加工的余量均匀性要求。

② 先近后远。这里所说的远与近，是按加工位置相对于对刀点的距离大小而言的。在一般情况下，特别是在粗加工时，通常安排离对刀点近的部位先加工，离对刀点远的部位后加工，以便缩短刀具移动距离，减少空行程时间。对于车削加工，"先近后远"有利于保持毛坯或半成品件的刚性，改善其切削条件。

③ 先内后外。对既有内表面又有外表面的零件，在制定其加工方案时，通常应安排先加工内形和内腔，后加工外形表面。因为控制内表面的尺寸和形状较困难，刀具刚性相应

较差，刀刃使用寿命易受热降低，而且在加工中清除切屑较困难等。

④ 程序段最少。按照每个单独的几何要素（直线、斜线、圆弧等）分别编制出相应的加工程序，然后构成加工程序的各条程序及程序段。在加工程序的编制工作中，总是希望以最少的程序段数实现对零件的加工，以使程序简洁，减少出错的几率，提高编程工作的效率。

⑤ 走刀路线最短。确定走刀路线的工作重点，主要在于确定粗加工及空行程的走刀路线，因精加工切削过程的走刀路线基本上都是沿其零件轮廓顺序进行的。在保证加工质量的前提下，使加工程序具有最短的走刀路线，不仅可以节省整个加工过程的执行时间，还能减少一些不必要的刀具消耗及机床进给机构滑动部件的磨损等。

2. 自动编程

实现自动编程的方法主要有语言式自动编程（APT）和图形交互式自动编程两种。前者通过高级语言的形式表示出全部加工内容，计算机运行时采用批处理方式，一次性处理、输出加工程序；后者采用人机对话的处理方式，利用 CAD/CAM（计算机辅助设计/制造）功能生成加工程序。

（1）自动编程的概念

自动编程也称计算机编程，是借助数控编程系统或图形编程系统，由计算机自动进行数值计算及后置处理，编写出零件加工程序单，加工程序通过直接通信的方式送入数控机床，指挥机床工作。自动编程借助计算机完成大量烦琐的数值计算工作，并省去编写程序单的工作量，因而大大提高了编程效率。

（2）自动编程的特点

自动编程的特点是效率高、程序正确性好，解决手工编程无法完成的复杂零件的编程问题，但自动编程需要具备自动编程系统或编程软件作为支持，并要求编程人员具有一定的工艺分析和手工编程能力。自动编程较适合形状复杂零件的加工程序编制，如模具加工、多轴联动等加工场合。

（3）APT 语言编程

APT 语言编程是一种专门用于机械零件数控加工的自动编程语言。APT 数控语言系统的特点是：

- 功能齐全，使用范围广，常用在铣削轮廓加工和点位加工，其最大的特点是能描述曲面和多坐标的立体形状，而且还能自动计算出刀具中心轨迹的数据。
- 可靠性高，零件源程序的错误可由计算机自动检测出来。
- 富有灵活性，只需写出源程序，就可用各种不同数控控制机的后置处理程序，制备出各种有特定要求的数控机床所需加工用的穿孔纸带。
- 能描述数学公式。
- 数据处理所需的费用较少。
- 源程序所采用的语言是通用性的英语。

提示： APT 数控程序主要由几何定义语句、刀具运动语句、后置处理语句及其他语句组成。目前中小企业普遍采用这种方法编制较复杂的零件加工程序，其效率高，可靠性好。

（4）CAD/CAM 数控编程

CAD/CAM 数控编程是一种计算机辅助编程技术，它以计算辅助设计软件（CAD）为基础，通过专用的计算机辅助制造软件（CAM）来实现。编程时，利用 CAD 软件的图形编辑功能将零件的几何图形绘制到计算机上，形成零件的图形文件，然后调用数控编程模块，借助 CAM 系统的菜单，采用人机交互的方式在计算机屏幕上指定被加工的部位，再输入相应的加工参数，计算机便可以自动进行必要的数学处理，计算出加工走刀过程中刀位点的运动轨迹，并输出零件加工的数控程序，同时在计算机屏幕上动态地显示出刀具的加工轨迹。典型的 CAD/CAM 软件有 Pro/E、Mastercam、UG、Cimatron 和 CAXA 等，各软件的功能及特点，如表 4-1 所示。

表 4-1　常用 CAD/CAM 软件介绍

软 件 名 称	功　　能
Pro/ENGINEER	美国PTC参数技术公司推出的一款博大精深的三维CAD/CAM/CAE参数化软件，具有工业设计、造型设计、分析计算、动态模拟与仿真、模具设计、CNC数控加工等功能
Unigraphics	美国UGS公司推出的高端CAD/CAM/CAE软件，为用户提供了集成最先进的技术和一流实践经验的解决方案，能够把任何产品的构想付诸实际。集合了概念设计、工程设计、动态模拟与仿真、模具设计、CNC数控加工等功能
CATIA	法国Dassault System公司开发的CAD/CAE/CAM一体化软件，它的集成解决方案覆盖所有的产品设计与制造领域，其特有的DMU电子样机模块功能及混合建模技术更是推动着企业竞争力和生产力的提高，广泛应用于航空航天、汽车制造、造船、机械制造、电子、电器和消费品行业
Mastercam	美国CNC Software公司推出的CAM软件，它包括两轴车床加工、高级铣床加工、加工中心、高级四轴线切割加工和多轴联动加工等功能
CAXA	我国自主知识产权软件的优秀代表，是北京航空航天大学与海尔公司联合开发的CAD/CAM软件，具有强大的线架、曲面、实体混合3D造型功能及加工仿真、多轴加工、反向工程等功能。该软件高效易学，为数控加工行业提供了从CAD造型设计到CAM加工代码生成、加工仿真、代码校验等一体化解决方案

① CAD/CAM 数控编程的特点

CAD/CAM 数控编程具有速度快、精度高、直观、使用简单、便于检查等优点，适用于各类柔性制造系统（FMS）和集成制造系统（CIMS）。因此计算机辅助图形数控编程目前已经成为国内外普遍采用的数控编程方法。从狭义上讲，数控编程就是 CAM 的同义词。

② CAD/CAM 数控编程的流程

CAD/CAM 数控编程的一般过程包括零件分析、三维造型、刀具的定义、刀具相对于零件表面的运动方式和切削加工参数的确定、走刀轨迹的生成、加工过程的动态图形仿真显示、程序验证直到后置处理等，一般都是在屏幕菜单及命令驱动等图形交互方式下完成的，具有形象、直观和高效等优点。

4.2　数控车床的坐标系及方向

4.2.1 坐标系概述

为了简化编程和保证程序的通用性，对数控机床的坐标轴及方向命名都统一制定了标准。国际标准化组织（ISO）对数控机床的坐标和方向制订了统一的标准（ISO 841—1974），我国根据此标准制订了 JB/T 3051—1991 数控机床坐标和运动方向的命名。

4.2.2 相关知识

4.2.2.1　标准坐标系

1．标准坐标系规定

标准坐标系有以下规定：

① 在数控机床中统一规定采用右手直角笛卡儿坐标轴命名。大拇指的指向为 X 轴正方向，食指的指向为 Y 轴正方向，中指的指向为 Z 轴正方向。

② 数控机床中的各个坐标轴与机床的导轨相平行。

③ 数控机床在加工过程中不论刀具移动还是加工工件移动，都一律假定被加工工件相对静止不动，而刀具在移动，并规定刀具远离工件的运动方向为坐标轴正向。

④ 如图 4-2 所示。围绕 X、Y、Z 轴旋转的圆周进给坐标轴分别用 A、B、C 表示。其正方向分别用右手螺旋法则判定，即大拇指分别代表 X、Y、Z 正方向，则其余 4 指握拳代表回转轴正向。工件固定，刀具移动时采用上面规定的法则；工件移动，刀具固定时，正方向反向，并加"′"表示，即+X、+Y、+Z 变为+X′、+Y′、+Z′。

2．坐标轴的规定

标准规定：机床某部件运动的正方向，是增大工件和刀具之间距离的方向。现将与车床有关的规定说明如下。

（1）Z 坐标轴的规定

Z 坐标轴的运动由传递切削力的主轴决定。

① 对于车床、磨床和其他成形表面的机床是主轴带动工件旋转，与主轴轴线平行的坐标轴即为 Z 坐标轴。

② 对于没有主轴的机床，如数控刨床，则 Z 坐标轴垂直于工件主要装夹面。

③ 对于有几个主轴的机床，如数控龙门铣床，则可选一垂直于工件装夹面的主要轴作为主轴，并以它确定 Z 坐标轴。

④ 在钻床、镗床加工中，Z 坐标轴的正向是增加刀具和工件之间的距离的方向，钻入和镗入工件的方向为 Z 轴的负方向。

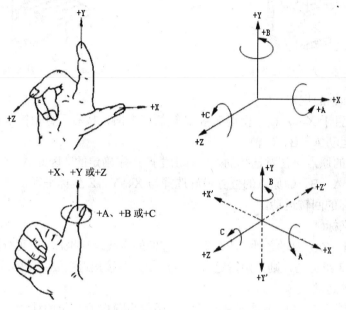

图 4-2　右手笛卡儿坐标系

（2）X 坐标轴的规定

X 坐标运动是水平的，它平行于工件装夹面，是刀具或工件定位平面内运动的主要坐标系。

① 对于没有回转刀具和回转工件的机床，如牛头刨床等，X 坐标平行于主要切削方向，并且以该方向为正方向。

② 对于工件旋转机床（车、磨），X 坐标轴的运动是水平方向，它垂直于 Z 轴且平行于工件装夹面，是刀具或工件定位平面内运动的主要坐标。X 轴正方向为刀具离开工件旋转中心的方向。

③ 对于刀具旋转机床（铣、钻），分为以下两种情况。

● 立式铣床（如图 4-3 所示）的 Z 坐标是垂直的，当由主要刀具主轴向立柱看时，X 运动的正方向指向右方。

● 卧式铣床（如图 4-4 所示）的 Z 坐标是水平的，当由主要刀具主轴向工件看时，X 运动的正方向指向左方。

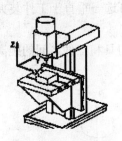

图 4-3　立式铣床坐标系

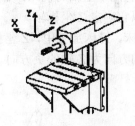

图 4-4　卧式铣床坐标系

（3）Y 坐标轴的规定

Y 坐标轴垂直于 X、Z 轴，根据 X 和 Z 轴的正方向，按右手直角笛卡儿坐标系判断。

（4）回转运动 A、B、C 轴

机床坐标系的原点是任意选择的，也有由生产厂家确定的。因此 A、B、C 的运动原点也是任意的，但 A、B、C 原点的位置最好选择与 X、Y、Z 坐标平行，其轴线相应地平行于 X、Y、Z 坐标的回转运动。

（5）附加坐标轴

如果在 X、Y、Z 主要轴之外，还有平行于它们的直线运动坐标轴，可分别指定为 U、V、W。如果还有第 3 组运动，则分别指定为 P、Q、R，并按接近主要主轴的远近依次指定。

（6）工件的运动

对于移动部分是工件而不是刀具的机床，必须将前面所介绍的移动部分是刀具的各项规定在理论上做相反的安排。

4.2.2.2　电气坐标系

电气坐标系是与标准坐标系平行的坐标系，是数控系统在处理编程数据时的坐标系。在数控系统中，坐标轴所用的位置检测元件确定后，检测元件的零点即电气坐标系的原点。

4.2.2.3　机床坐标系

1. 机床坐标系

机床坐标系是机床上固有的坐标系，它在电器坐标原点的基础上，沿电气坐标轴偏移一个距离。偏移距离由机床制造者调试后将其设置在数控装置的参数中。如果数控系统采用相对位置检测元件，在机床通电后，需手动返回参考点操作，以建立机床坐标系。

2. 机床原点

机床原点是指在机床上设置的一个固定点，即机床坐标系的原点。它在机床装配、调试时就已确定下来，是数控机床进行加工运动的基准参考点。数控车床的机床原点一般设在刀具远离工件的极限点处，即坐标正方向的极限点处，并由机械挡块来确定其具体的位置，也就是说该点确定了机床运动的极限位置。也有些车床的机床原点在主轴法兰盘接触面的中心，即主轴前端面的中心上。

3. 机床参考点 R

对于大多数数控机床，开机第一步总是先使机床返回参考点（即所谓的机床回零）。

开机回参考点的目的就是为了建立机床坐标系，该坐标系一经建立，只要机床不断电，将永远保持不变，且不能通过编程来改变。

> **提示**：机床参考点与机床原点的距离由系统参数设定，其值可以是 0，如果其值为 0，则表示机床参考点和机床原点重合；如果其值不为 0，则机床开机回零后显示的机床坐标系的值即是系统参数中设定的距离值。

机床参考点与机床原点的关系如表 4-2 所示，机床参考点必定处在数控机床的行程范围内。

表 4-2　　机床原点与参考点的关系

名　　　称	建　立　目　的	个　　　数	位　　　置
机床原点	设立机床运动的极限行程	只有一个	由机械挡块确定
机床参考点	建立机床坐标系和换刀点等	最多可有4个	由系统参数设定

4.2.2.4　工件坐标系

工件坐标系是以机床坐标系为基准平移而成的。工件坐标系原点又称加工原点，与编程原点重合。偏移量由机床操作者调试后，设置在工件坐标系设定指令中或坐标偏移存储器中。编程人员在工件坐标系内编程，编程时，不必考虑工件在机床中的实际位置。

工件坐标系的原点是人为设定的，设定的依据是编程简单、尺寸换算少、引起的加工误差小等。一般工件坐标系的原点应选择在尺寸标准的基准或定位基准上；对称零件或以同心圆为主的零件，编程原点应选在对称中心线或圆心上；Z 轴的坐标系的原点通常选在工件的表面。

4.2.2.5　数控车床坐标系

1. 数控车床坐标系

卧式数控车床坐标系如图 4-5 所示，Z 轴与车床导轨平行（取卡盘中心线），正方向是远离车床卡盘的方向；X 轴与 Z 轴垂直，平行于横向滑座，正方向是刀具主轴线的方向；坐标原点 O 定在卡盘后端面与中心线的交点处。

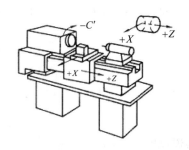

图 4-5　卧式车床坐标系

数控车床坐标系的表示形式如图4-6所示，机床原点为主轴轴线与主轴前端面的交点，如图4-6中的 O 点。机床参考点为刀具退离到一个固定不变的极限点，如图4-6中的 O′ 点，其位置由机械挡铁或行程开关确定。

2．工件原点

工件坐标系原点可选在工价轴线工件的前端面、后端面、卡爪前端面的交点上。为方便编程，数控车床的工件原点一般建立在工件右端面的圆心，工件直径方向为 X 轴方向，工件轴线方向为 Z 轴方向，如图4-7所示。

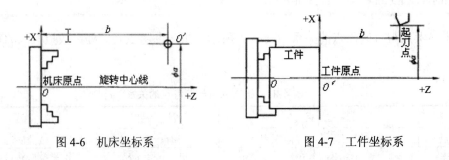

图 4-6　机床坐标系　　　　　　　　　图 4-7　工件坐标系

3．起刀点

起刀点是指在数控机床上加工工件时，刀具相对于工件运动的起始点。起刀点应选在不妨碍工件装夹、不会与夹具相碰撞及编程简单的地方。对于数控车床一般选在靠近参考点位置。

4．换刀点

数控车床在加工时常需要换刀，故编程时还需要设置一个换刀点。换刀点应设在工件的外部，避免换刀时碰伤工件。一般换刀点选择在第一个程序的起刀点或机床参考点上。

4.3　数控车床编程方法

4.3.1　编程方法概述

数控机床是按照零件加工程序对工件进行加工的。一个好的加工程序不仅能保证加工出符合要求的工件，还应能充分发挥数控机床的功能，使其安全、可靠、高效地运行。

4.3.2　相关知识

4.3.2.1　编程代码简介

在数控系统中，进行运动控制的指令用 G 代码（准备功能代码）和 F 代码（进给功能

指令代码）控制。逻辑控制用 M 代码（辅助功能代码）、S 功能（主轴速度功能）和 T 功能（刀具功能）指令。

关于 G 代码和 M 代码，ISO 和我国都有标准规定，JB/T 3208—1999 与 ISO 1056—1975 等效。在标准中，分指定、不指定和永不指定 3 种情况。"不指定"为准备以后再指定，"永不指定"为厂家可自行指定。由于"指定"功能不多，再加上虽然"指定"了，厂家又重新定义的也不在少数，因此，各系统互不相同。即使是一个厂家的系统，车削和铣削系统也不尽相同，使得数控零件加工程序没有通用性，使用时要具体对待。

4.3.2.2　程序的组成与格式

根据系统本身的特点与编程的需求，每一种数控系统都有一定的程序格式。对于不同的机床，其程序格式也不同，因此，编程人员必须严格按照机床说明书的格式进行编程，但程序的常规格式是相同的。

1．程序的组成

一个完整的程序由程序号、程序内容和程序结束 3 部分组成，如下所示：

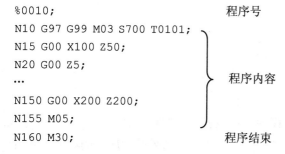

```
%0010;                          程序号
N10 G97 G99 M03 S700 T0101;  ⎫
N15 G00 X100 Z50;             ⎪
N20 G00 Z5;                   ⎪
...                           ⎬  程序内容
N150 G00 X200 Z200;           ⎪
N155 M05;                     ⎭
N160 M30;                       程序结束
```

（1）程序号

每一个存储在零件存储器中的程序都需要指定一个程序号来加以区分，这种用于区别零件加工程序的代号称为程序号。程序号是加工程序的识别标记，因此同一机床中的程序号不能重复。

程序号写在程序的最前面，必须单独占用一行。

不同数控系统程序号地址码有所差别，例如，FANUC 系统采用"O"作为程序号；SINUMERIC 系统和华中系统采用"%"作为程序号。另外，需要注意的是，O0000 和 O8000 以后的程序号，有时在数控系统中有特殊的用途，因此在普通数控加工程序中应尽量避免使用。

（2）程序内容

程序内容是整个程序的核心，由许多程序段组成，每个程序段由一个或多个指令构成，它表示数控机床的全部动作。

（3）程序结束

程序结束通过 M 代码来实现，必须写在程序的最后。

提示：可以作为程序结束标记的 M 代码有 **M02** 和 **M30**，它们代表零件加工主程序的结束。为了保证最后程序段的正常执行，通常要求 **M02**（**M30**）也必须单独占一行。

2. 程序段的格式

（1）程序段的基本格式

程序段是程序的基本组成部分，每个程序段由若干个数据字构成，而数据字又由表示地址的英文字母、特殊文字和数字构成，如 G02、Z35 等。

程序段格式是指一个程序段中字、字符、数据的排列以及书写方式和顺序。通常情况下，程序段格式有字-地址程序段格式、使用分隔符的程序段格式和固定程序段格式 3 种。后面两种程序段格式除在线切割机床中的 3B 或 4B 代码中还能见到外，已很少使用，所以下面主要介绍字-地址程序段格式。

字-地址程序段的格式如下：

```
N_   G_    X_  Z_  F_    S_    T_    M_    LF
程序  准备      进给  主轴  刀具  辅助  结束
段号  功能  尺寸字  功能  功能  功能  功能  标记
```

如"N30 G01 X50.0 Z5.0 S600 T0101 M03 F0.3;"。

（2）程序行号与程序段结束

程序行由程序行号 N×× 开头，以程序段结束标记 CR（或 LF）结束，实际使用时，常用符号";"或"*"表示 CR（或 LF）。程序段的中间部分是程序段的内容，主要包括准备功能字、尺寸功能字、进给功能字、主轴功能字、刀具功能字、辅助功能字等，但不是所有程序段都必须包含所有功能字，有时一个程序段内仅包含其中一个或几个功能字，如下列程序段都是正确的程序段。

```
N20  G01 X20.0 F0.2;
N30  M30;
```

N×× 为程序行号，由地址 N 和后面的若干位数字表示，可以省略，但是有行号在编辑时会方便些。行号可以不连续，最大为 9999，超过后再从 1 开始。在大部分系统中，程序段号仅作为跳转或程序检索的目标位置指示。但是，当程序段号省略时，该程序段将不能作为跳转或程序检索的目标程序段。

程序行号也可以由数控系统自动生成，程序行号的递增量可以通过机床参数进行设置，一般可设定为 5 或 10。

（3）程序的斜杠跳转

有时，在程序段的前面有"/"符号，该符号称为斜杠跳跃符号，该程序段称为可以跳跃程序段。如下列程序段：

```
/N50  G00 X100.0 Z100.0;
```

这样的程序段可以由操作者对程序段和执行情况进行控制。若操作机床使系统的跳过程序段信号生效，程序执行时将跳过这些程序段；若跳过程序段信号无效，程序段照常执行，该程序段和不加"/"符号的程序段相同。该符号多用在调试程序，如在开冷却液的程序前加上"/"符号，在调试程序时可以使这条程序无效，而正式加工时使其有效。

（4）程序段注释

为了方便检查、阅读数控程序，在许多数控系统中允许对程序进行注释，注释可以作为对操作者的提示显示在屏幕上，但注释对机床动作没有丝毫影响。程序的注释应放在程序的最后，并用"（）"括起来，不允许将注释插在地址和数字之间。如下面的程序段：

```
%1000;（PROGRAM NAME — A1）
G97 G99 S700 M03 T0101 F0.3;（ROUGH）
G00 X100.0 Z3;
⋮
```

3．主程序和子程序

在一个加工程序中，如果有几个连续的程序段完全相同（即一个零件中有几处的几何形状相同或顺次加工几个相同的工件），为缩短程序，可将这些重复的程序段单独抽出，按规定的程序格式编成子程序，并存储在子程序存储器中。子程序以外的程序段为主程序，主程序在执行过程中，如需执行该子程序即可调用，并可多次重复调用，从而可大大简化编程工作。

4.4　数控车床编程相关说明

4.4.1　相关说明概述

数控车床编程除了常用的功能指令外，还有一些辅助说明，如直径与半径编程、开机默认代码、模态和非模态、代码分组、绝对值与增量值编程等。

4.4.2　相关知识

4.4.2.1　直径与半径编程

由于数控车床加工的零件通常为轴类、回转类零件，因此数控车床的编程可用直径编程方式，也可以用半径编程方式，用哪种方式可事先通过参数设定或指令来确定。车床出厂时均设定为直径编程，所以在编程时与 X 轴有关的各项尺寸一定要用直径值编写。如果需用半径编程，则改变系统中相关的几项参数或用指令使系统处于半径值编程状态。显然半径编程比较麻烦，因为编程时把零件图样上的直径尺寸除以 2 再去编程，给编程带来不必要的麻烦，且易出现错误。所以，目前数控车床上广泛采用直径编程方式。

1. 直径指定编程

直径指定是把图样上给出的直径值作为 X 轴的值来指定，如图 4-8 所示。A、B 点的坐标值分别为 A（30,0）、B（50,-30）。

2. 半径指定编程

半径指定是指定到工件中心的距离，即用半径值作为 X 轴的值，如图 4-9 所示。A、B 点的坐标值分别为 A（15,0）、B（25,-30）。

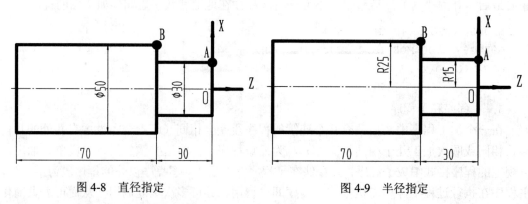

图 4-8　直径指定　　　　　　　　　　　　　　　图 4-9　半径指定

4.4.2.2 绝对值与增量值编程

指令刀具运动的方法有绝对指令和增量指令两种。使用不同的系统可用不同的方法区分绝对指令和增量指令，主要有用地址字区分（见表 4-3）和用 G 代码区分（见表 4-4）两种方式。

表 4-3　用地址字区分

	绝 对 指 令	增 量 指 令
X轴移动指令	X	U
Z轴移动指令	Z	W

提示：用地址字表示的绝对指令和增量指令在一个程序段内可以混用。如图 **4-9** 所示，刀具从 **A** 点直线插补到 **B** 点的指令还可以用程序段 **G01 X50 W-30 F0.2;** 来指定。

表 4-4　用 G 代码区分

	绝 对 指 令	增 量 指 令
G代码	G90	G91

1. 绝对值编程

绝对值编程是用刀具移动的终点位置坐标值来编程的方法。如图 4-9 所示，刀具从 A 点直线插补到 B 点的绝对值编程程序段为 G01 X50.0 Z-30.0 F0.2;。

2．增量值编程

增量值编程是直接用刀具移动量编程的方法。如图 4-10 所示，刀具从 A 点直线插补到 B 点的增量值编程程序段为

```
G01 U20 W-30 F0.2;
```

或

```
G91 G01 X20.0 Z-30.0 F0.2;。
```

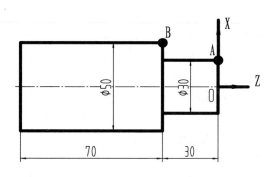

图 4-10　绝对、增量编程

4.4.2.3　代码分组

所谓代码分组，就是将系统中不能同时执行的代码分为一组，并以编程号区别，如 G00、G01、G02、G03 为同组代码，其编号为 a 组。同组代码具有相互取代作用，同一组代码在一个程序段内只能有一个生效，当在一程序段内出现两个或两个以上的同组代码时，一般以最后输入的代码为准，有的机床还会出现机床系统报警。因此，在编程过程中要避免将同组代码编入同一程序段内，以免引起混淆。对于不同组的代码，在同一程序段内可以进行不同的组合。

4.4.2.4　模态和非模态

编程中的指令有模态指令和非模态指令。模态指令也称续效指令，一经程序段中指定，便一直有效，与上段相同的模态指令可省略不写，直到以后程序中重新指定同组指令时才失效；而非模态指令（非续效指令）的功能仅在本程序段中有效，与上段相同的非模态指令不能省略不写。同样，尺寸功能字如出现前后程序段的重复，则该尺寸功能字也可以省略。例如：

```
G01 X50.0 Z0;
Z-20.0;            （在 G00 之前 G01 均有效）
X75.0 Z-40;
G00 X80.0;
```

模态代码的出现避免了在程序中出现大量的重复指令，使程序变得清晰明了。一般大部分 G 代码与所有 F、S、T 代码均为模态代码。

4.4.2.5　开机默认代码

为了避免编程人员遗漏指令代码，数控系统中对每一组的代码指令都选取其中的一个作为开机默认代码，此代码在开机或系统复位时可以自动生效，因而在程序中允许不再编写。常见的开机默认代码有 G01、G40、G97、G99/G95 等。如当程序中没有 G96 或 G97 指令时，用程序 M03 S200;指定的正转转速为 200r/min。

4.4.2.6　数控车床编程的特点

1．尺寸字选用灵活

在一个程序中，根据被加工零件的图样标注尺寸，从方便编程的角度出发，可采用绝对尺寸编程或增量尺寸编程，也可二者混合使用。

2．重复循环切削功能

由于车削加工常用圆棒料做毛坯，加工余量较大，要加工到图样标准尺寸，需要一层层切削。如果每层加工都编写程序，编程工作量将大大增加，为简化编程，数控系统有不同形式的循环功能，可进行多次重复循环切削。

3．直接按工件轮廓编程

对于刀具位置的变化、刀具几何形状的变化及刀尖圆弧半径的变化，都无须更改加工程序，编程人员可以按照工件的实际轮廓尺寸进行编程。数控系统具有的刀具补偿功能可以自动进行刀具补偿。

4．采用直径编程

由于加工零件的图样尺寸及测量都是直径值，所以通常采用直径尺寸编程。在用直径尺寸编程时，如采用绝对尺寸编程，X 表示直径；如采用增量尺寸编程，X 表示径向位移。

4.5　本章精华回顾

（1）数控编程可分为手工编程和自动编程两种。手工编程不需要计算机，由操作者以手工方式完成整个加工程序编制；自动编程是由计算机代替人完成复杂的坐标计算和书写程序单的工作，它可以解决许多手工编程无法完成的复杂零件编程难题。

（2）典型的 CAD/CAM 软件有 Pro/E、Mastercam、UG、Cimatron 和 CAXA 等。

（3）标准规定，标准坐标系为右手直角笛卡儿坐标系。

（4）机床原点（机床零点 M 或机械原点）是机床上设置的一个固定的点，一般在机床出厂时已经设定，可在机床用户使用说明书中查到。机床原点是数控机床进行加工运动的基准参考点。

（5）对于大多数数控机床，开机第一步总是先使机床返回参考点（即所谓的机床回零）。开机回参考点的目的就是为了建立机床坐标系，该坐标系一经建立，只要机床不断电，将保持不变，且不能通过编程来改变。

（6）工件坐标系是以机床坐标系为基准平移而成的。工件坐标系原点又称加工原点，与编程原点重合。

（7）一个完整的程序由程序号、程序内容和程序结束 3 部分组成，程序号写在程序的最前面，必须单独占用一行。

（8）程序段前面的"/"符号称为斜杠跳跃符号，该程序段称为可跳跃程序段。

（9）在一个加工程序中，如果有几个连续的程序段完全相同，为缩短程序，可将这些重复的程序段单独抽出编成子程序，子程序以外的程序段为主程序，主程序在执行过程中，如需执行该子程序即可调用，并可多次重复调用，从而可大大简化编程工作。

（10）数控系统常用的系统功能有准备功能 G 指令、辅助功能 M 指令及其他功能 3 种，这些功能是编制数控程序的基础。

（11）数控车床加工的零件通常为轴类、回转类零件，因此数控车床的编程可用直径编程方式，也可以用半径编程方式，用哪种方式可事先通过参数设定或指令来确定。目前数控车床上广泛采用直径编程方式。

第5章　华中HNC-21T系统数控车床编程指令

数控机床加工中的动作在加工程序中用指令的方式先予以规定，这类指令有准备功能 G、辅助功能 M、刀具功能 T、主轴转速功能 S 和进给功能 F 等。不同数控系统的编程指令是不同的，相同的系统装在不同的机床上，其编程指令也不尽相同。本章以华中世纪星 HNC-21T 系统为例，来介绍车削数控系统编程指令的含义和编程方法。

 本章要点

- 华中 HNC-21T 系统功能介绍
- 华中系统数控车床基本编程指令
- 固定循环
- 刀具半径补偿指令
- 子程序
- 用户宏程序

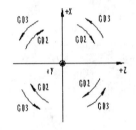 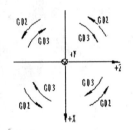

5.1　华中 HNC-21T 系统功能介绍

5.1.1  系统概述

本节介绍华中世纪星 HNC-21T 系统功能指令，主要包括准备功能 G、辅助功能 M、刀具功能 T、主轴转速功能 S 和进给功能 F 等。对于具体的系统和机床，以说明书为准。具体的零件加工要灵活运用，任何加工的程序都不是唯一的，只能说哪个更优。

5.1.2 相关理论

5.1.2.1　基本指令

1. 准备功能

准备功能又称 G 功能指令或 G 代码。顾名思义，准备功能是用来控制机床或数控系统的工作方式的一种指令，使数控机床做好某种操作准备。华中系统的准备功能用地址符 G 和后面的两位或 3 位数字表示。华中 HNC-21T 系统数控车床常用的准备功能指令如表 5-1 所示。

表 5-1　HNC-21T 系统数控车床常用的准备功能指令

G 指令	组　号	功　能
G00	01	快速定位
G01*		直线插补
G02		顺时针圆弧插补
G03		逆时针圆弧插补
G04	00	暂停
G20	08	英制尺寸
G21*		米制尺寸
G28		返回刀参考点
G29		由参考点返回
G32	01	螺纹切削
G36*	17	直径编程
G37		半径编程
G40*	09	取消刀具半径补偿
G41		刀具半径左补偿
G42		刀具半径右补偿
G53	00	直接机床坐标系编程
G54*	11	工件坐标系选定
G55		
G56		
G57		
G58		
G59		
G65	00	宏指令简单调用
G71	06	外径/内径车削复合循环
G72		端面车削复合循环
G73		闭环车削循环
G76		螺纹切削复合循环
G80*		外径/内径车削固定循环
G81		端面车削固定循环
G82		螺纹切削固定循环

续表

G 指令	组　号	功　能
G90	13	绝对编程
G91		相对编程
G92	05	工件坐标系设定
G94*	14	每分钟进给
G95		每转进给
G96*	16	恒线速度切削
G97		取消恒线速度切削

提示：

（1）在编程时，G指令中数字前面的"0"可以省略不写，如G00、G01、G02、G03可以简写为G0、G1、G2、G3。

（2）带*的指令为默认指令。

（3）00组G代码为非模态指令，其他组G代码为模态指令。

2．辅助功能

辅助功能也称 M 功能，主要用来指令操作时各种辅助动作及其状态，如主轴的开/停、冷却液的开/关等。它由地址码 M 和后面的两位数字组成。华中 HNC-21T 系统数控车床常用的辅助功能指令如表 5-2 所示。

表 5-2　华中 HNC-21T 系统数控车床常用的辅助功能指令

M 指令	功　能	说　明
M00	程序暂停	用M00暂停程序的执行，按"循环启动"键继续运行
M02	主程序结束	自动运行停止且CNC装置被复位
M03	主轴正转	
M04	主轴反转	
M05	主轴停止	
M08	切削液开	
M09	切削液关	
M30	主程序结束	主程序结束并返回程序起点
M98	调用子程序	
M99	子程序结束，返回主程序	

提示：当一个程序段中指定了运动指令和辅助功能时，按下面两种方法之一执行指令：

　　① 运动指令和辅助功能指令同时执行。

　　② 在运动指令执行完成后执行辅助功能指令。

　　选择哪种顺序取决于机床制造商的设定。

3．进给功能

进给功能主要用来指令切削时的进给速度。对于车床，进给方式可分每分钟进给和每转进给，华中 HNC-21T 系统用 G94、G95 规定。

（1）每转进给指令 G95

格式：

```
G95;
```

说明：G95 为每转进给指令。系统开机状态为 G95 状态，只有输入 G94 指令后，G95 才被取消。在含有 G95 的程序段后面再遇到 F 指令时，则认为 F 所指定的进给速度单位为 mm / r。

（2）每分钟进给指令 G94

格式：

```
G94;
```

说明：G94 为每分钟进给指令。在含有 G94 的程序段后面遇到 F 指令时，则认为 F 所指定的进给速度单位为 mm/min，G94 被执行一次后，系统将保持 G94 状态，直到被 G95 取消为止。

4．刀具功能

刀具功能也称 T 功能，用来指令数控系统进行换刀或选刀。

在华中 HNC-21T 系统中，T 后跟 4 位数字，其中前两位表示选择的刀具号，后两位表示刀具补偿号。如 T0101 表示采用 1 号刀具和 1 号刀补。注意，在 SIEMENS 系统中，由于同一把刀具有许多个刀补，可采用如 T1D1、T1D2、 T2D1、T2D2、T2D3 等的形式；但在 FANUC 系统中，由于刀补存储是公用的，为了避免在调刀时出现错误，通常采用如 T0101、T0202、T0303 等的形式。一个程序段只能指定一个 T 代码。当一个程序段同时包含 T 代码和刀具移动指令时，先执行 T 代码指令，而后执行刀具移动指令。

5．主轴转速功能

（1）指令功能

恒线速度 G96、G97 指令及极限主轴转速限定 G46 指令用来指定主轴转速或速度。

（2）指令格式

```
G96 S ;                恒线速度有效
```

```
G46 X _P _ ;            极限转速限定

G97 S  ;                取消恒线速度功能
```

（3）指令说明

① G96 是恒线速度控制指令，S 后指定表面速度（刀具与工件间的相对速度），是模态 G 代码，在指定 G96 指令后，程序进入恒表面速度控制方式且以指定 S 值作为表面速度（m/min），如 G96 S80 表示切削速度是 80m/min。华中 HNC-21T 系统指令功能与 FANUC 0i 系统中的恒线速度控制指令类似，同样采用 G97 指令取消恒线速度功能。

② G97 是取消恒线速切削控制指令。系统执行 G97 后，S 后面的数值表示主轴每分钟的转速（r/min）。如省略，则执行 G96 指令前的主轴转速度。

③ G46 是主轴极限转速设定功能，即用 S 或 P 指定的数值设定主轴每分钟的最低与最高转速。

④ X 指恒线速时主轴最低速限定（单位：r/min）。

⑤ P 指恒线速时主轴最高速限定（单位：r/min）。

（4）注意事项

① 使用恒线速度功能时，主轴必须能自动变速（如伺服主轴、变频主轴等）。

② G46 指令功能只在恒线速度功能有效时有效。

③ 用恒线速度控制加工端面、锥度和圆弧时，由于 X 坐标值不断变化，当刀具逐渐接近工件的旋转中心时，主轴转速会越来越高，工件有从卡盘飞出的危险，所以为防止事故的发生，有时必须限定主轴的最高转速。

5.1.2.2 华中 HNC-21T 系统程序结构

1. 加工程序的组成

为运行机床而传送 CNC 的一组指令称为程序。数控加工中，零件加工程序的组成形式因采用的数控系统形式不同而略有不同。现在的数控系统中，加工程序可分为主程序和子程序。但不论是主程序还是子程序，每一个程序都是由若干个程序段组成的。每个程序段由一个或若干个字（字是由表示地址的字母和数字、符号等组成，它是控制数控机床完成一定功能的具体指令）组成，它表示数控机床为完成某一特定动作而需要的全部指令。例如：

程　　序	注　　释
%0050;	程序名
N10 G40 G99 G21;	设置加工工艺状态
N20 M03 S500;	主轴正转，转速为 500r/min
N30 T0101 M08;	调用 1 号刀具，导入 1 号刀补，切削液开
N40 G00 X80.0 Z5.0;	快速接近工件
...	
N190 G00 X100.0 Z150.0;	快速回换刀点
N200 M30;	主程序结束并返回程序起点

上面的每一行称为一个程序段，程序中的 N10、G21、G00、T0101、M30 等都是一个字。

2．加工程序的格式

每一个完整的加工程序都是由加工程序号、程序段和程序结束符等几部分组成的。一组一步一步的指令叫做程序段。程序是由一系列程序段组成的。用于区分每个程序段的号叫做顺序号，用于区分每个程序的号叫做加工程序号。

（1）加工程序号

加工程序号的格式为%××××。其中××××为加工程序号，范围为 0000～9999，数值前的 0 可以省略，如%0005 可以写为%5。存入数控系统中的各零件加工程序号不能相同。

（2）程序段

建议程序段的顺序和格式为：

N__ G__ X__ Z__ F__ S__ M__ T__;

各程序段由识别程序段的顺序号开始，而以程序段结束代码结束。华中系统零件程序按程序段的输入顺序执行，而不是按程序段号的顺序执行，但书写程序段号时，建议按升序书写程序段号。

（3）程序结束代码

华中数控系统的程序结束代码为 M02 或 M30。

5.2　华中系统数控车床基本编程指令

5.2.1　指令概述

准备功能 G 指令主要用来建立机床或数控系统的工作方式，跟在地址 G 后面的数字决定了该程序段指令的含义。按其运动性质，分为模态 G 代码和非模态 G 代码。在编程时，不同组的 G 代码能够在同一程序段中指定。如果同一程序段中指定了同组的 G 代码，则最后指定的 G 代码有效。

本节具体讲述华中世纪星 HNC-21T 系统各 G 代码指令与功能，对各个具体指令的格式、功能、执行过程及使用时的注意事项等做了详细的说明，大多数指令都辅以图形和实例进行阐述。

5.2.2　相关知识

5.2.2.1　绝对值、增量值和混合编程指令

（1）指令用途

G90 和 G91 指令分别对应绝对坐标和相对坐标。在编程时，选择合适的编程方式可降低编程的复杂度，提高工作效率，如当图样尺寸有一固定基准给定时，一般采用绝对方式

编程较方便；当图样尺寸是以轮廓之间的距离给出时，则一般采用增量方式编程较方便。通常机床开机默认状态为绝对坐标方式。

（2）指令格式

```
G90 X_Z_;
G91 X_Z_;
```

（3）指令说明

① G90 为绝对坐标方式，指刀具的运动始终相对于工件坐标原点（如 G54），与刀具当前的位置无关。

② G91 为增量坐标方式，指刀具的运动是相对于前一点的坐标来计算下一点坐标，即终点坐标减去起点坐标。

（4）注意事项

① G90 和 G91 为模态功能指令，可相互注销，而 G90 为默认编程方式。

② G90 与 G91 是同组的模态指令，不能同时在一个程序段内出现，在程序中可以根据需要随时进行变换使用。

③ 在采用 G90 绝对坐标编程时，也可以使用 U、W 表示 X 轴与 Z 轴的增量坐标编程进行混合编程。

④ 用 U、W 或 G91 指令后面的 X、Z 表示 X 轴、Z 轴的增量值。

⑤ 表示增量的字符 U、W 不能用于循环指令 G80、G81、G82、G71、G72、G73、G76 程序段中，但可用在定义精加工轮廓的程序中。

 课堂训练

如图 5-1 所示，分别使用 G90、G91 指令编程。

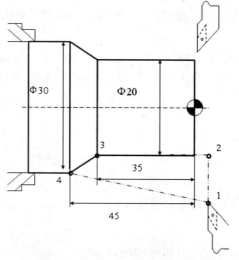

图 5-1　G90、G91 编程实例

绝 对 编 程	增 量 编 程	混 合 编 程
%0001;	%0001;	%0001;
N10　T0101;	N10　G91;	N10　T0101;
N20　G00 X40.0 Z2.0;	N20　G01 X-20.0 Z0;	N20　G00 X40.0 Z2.0;
N30　G01 X20.0 Z2.0;	N30　Z-37.0;	N30　G01 X20.0 Z2.0;
N40　Z-35.0;	N40　X10.0 Z-10.0;	N40　Z-35.0;
N50　X30.0 Z-45.0;	N50　X30.0 Z47.0;	N50　U10.0 Z-45.0;
N60　X40.0 Z2.0;	N60　M30;	N60　X40.0 W47.0;
N70　M30;		N70　M30;

提示：绝对坐标编程采用地址 **X**、**Z** 进行编程（其中 **X** 为直径值）；而在增量坐标编程时，用 **U**、**W** 进行编程。U、W 的正负由刀具切削时走刀的方向确定，走刀方向与机床坐标方向相同时取正，反之取负。

5.2.2.2　单位设定指令

1．尺寸单位设定指令 G20、 G21

（1）指令用途

在进行编程之前，一般需先设定编程的单位，单位不同，相应的尺寸功能值、进给功能值、主轴功能值和刀具补充值等也不相同。在华中世纪星 HNC-21T 系统中，可以使用两种不同的单位进行编程：英制和米制。其中米制 G21 为默认单位。

（2）指令格式

G20;

G21;

（3）指令说明

① G20 ：英制输入方式。

② G21：米制输入方式。

（4）指令单位

两种制度下，线性轴、旋转轴的尺寸单位如表 5-3 所示。

表 5-3　线性轴、旋转轴的尺寸单位

单位制　　　　　　　　轴	线　性　轴	旋　转　轴
英制（G20）	英寸	度（°）
米制（G21）	毫米	度（°）

（5）注意事项

① G20，G21 为模态功能，可相互注销，G21 为默认代码。

② 当尺寸单位制度转化后，进给速度值、位置指令值、工件零点偏移值和刀具补充值等参数也需进行改变。

课堂训练

① G21 G01 X25.0 Z50.0 F50（米制编程）
② G20 G01 X1.0 Z2.0 F2.3（英制编程）

提示：

（1）G20、G21代码必须在程序执行运动指令前进行设定。

（2）G20、G21代码在程序执行的过程中是不能进行切换的。

2．进给单位的设定指令 G94、G95
（1）指令用途
进给速度 F 表示工件被加工时刀具相对于工件的合成进给速度，F 的单位取决于 G94（每分钟进给，mm/min）或 G95（每转进给，mm/r）。
（2）指令格式

G94 F ；
G95 F ；

（3）指令说明
① G94 为每分钟进给，F 之后的数值直接指定刀具每分钟的进给量。对于线性轴，F 的单位 G20 为 mm/min、G21 为 in/min；对于旋转轴，F 的单位为度/min；
② G95 为每转进给，F 之后的数值为主轴转一周时刀具的进给量。对于线性轴，F 的单位 G20 为 mm/r、G21 为 in/r；对于旋转轴，F 的单位为度/min。
③ G94、G95 为模态功能，可相互注销，G94 为默认代码。

课堂训练

① G94 G21 G01 X100.0 Z50.0 F200（进给速度为 200mm/min）
② G95 G21 G01 X100.0 Z50.0 F0.3（进给速度为 0.3mm/r）

提示：

（1）当工件在 G01、G02 或 G03 方式下，F 一直有效，直到被新的 F 值所取代，而工作在 G00 方式下，快速定位的速度是各轴的最高速度，由 CNC 参数设定，与所编 F 无关。

（2）借助机床控制面板上的倍率旋转按钮，F 可在一定范围内进行倍率修调。

5.2.2.3　坐标系与坐标指令

1．直径编程与半径编程指令 G36、G37

（1）指令用途

对于数控车床而言，直径编程是用直径尺寸表达 X 轴方向的坐标值。例如，车削直径为 60mm 的外圆面时，车刀首先进给至端面边缘处，此时车刀刀尖距离编程坐标系原点的实际 X 轴方向尺寸为 30mm，但在程序中，X 坐标应写为 X60。华中世纪星 HCN-21T 系统中 G36 为直径编程方式，G37 为半径编程方式。

（2）指令格式

```
G36 X_Z_;
G37 X_Z_;
```

（3）指令说明

① G36 ：直径编程方式，开机机床默认为 G36 方式编程。

② G37：半径编程方式。

（4）注意事项

① G36、G37 为模态功能，可相互注销。

② 当 G36、G37 转化后，其 X 或 U 的参数值也需进行改变。

 课堂训练

如图 5-2 所示，使用 G36、G37 编程。

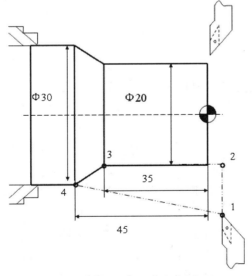

图 5-2　G36、G37 编程实例

	绝 对 编 程	增 量 编 程
半径编程	%0001;	%0001;
	N10 G37;	N10 G37;
	N20 T0101;	N2 0 G91;
	N30 G00 X30.0 Z2.0;	N3 0 G01 X-22.5 （Z0）;
	N40 G01 X10.0（Z2.0）;	N4 0 （X0） Z-37.0;
	N50 （X10.0） Z-35.0;	N50 X5 Z-10.0;
	N60 X15.0 Z-45.0;	N6 0 X15.0 Z47.0;
	N70 X30.0 Z2.0;	N7 0 M30;
	N80 M30;	
直径编程	%0001;	%0001;
	N10 G36;	N10 G36;
	N20 T0101;	N20 G91;
	N30 G00 X60.0 Z2.0;	N30 G01 X-45.0 （Z0）;
	N40 G01 X20.0（Z2）;	N40 （X0） Z-37;
	N50 （X20.0） Z-30;	N50 X10.0 Z-10.0;
	N60 X30.0 Z-45.0;	N60 X30.0 Z47.0;
	N70 X60.0 Z2.0;	N70 M30;
	N80 M30;	

2．工件坐标系设定指令 G92

（1）指令用途

G92 指令通过设定刀具起点相对于要建立的工件坐标原点的位置建立坐标系。此坐标系一旦建立起来，后续的绝对值指令坐标位置都是此工件坐标系中的坐标值，如图 5-3 所示。

（2）指令格式

G92 X_Z_;

（3）指令说明

① X、Z：表示设定的工件坐标系原点到刀具起点的有向距离。

② G92 指令为非模态指令，一般放在一个零件程序的第一段。

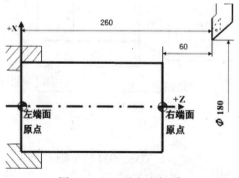

图 5-3　G92 设立坐标系

例如：① 当工件左端面为工件原点时，应编工件坐标系为

%0011;

G92 X180.0 Z260.0;

② 当工件右端面为工件原点时，应编工件坐标系为

%0011;

G92 X180.0 Z60.0;

（4）注意事项

① 只需含 G92 的程序段时，仅建立工件坐标系，刀具并不产生运动。

② G92 建立的工件坐标系在机床断电时失效。

③ 执行 G92 的程序段时，刀尖与程序的起点重合。

（5）坐标系选择原则

X、Z 值的确定，即确定对刀点在工件坐标系下的坐标值，其选择的一般原则为：

① 方便数学计算和简化编程。

② 容易找正对刀。

③ 便于加工检查。

④ 引起的加工误差小。

⑤ 不要与机床、工件发生碰撞。

⑥ 方便拆卸工件。

⑦ 空行程不要太长。

3. 工件坐标系零点偏移指令 G54～G59

（1）指令用途

所谓零点偏移就是在编程过程中进行编程坐标系（工件坐标系）的平移变换，使编程坐标系的零点偏移到新的位置。若在工作台上同时加工多个相同零件或一个较复杂的零件时，可以设定不同的程序零点，以简化编程。

（2）指令格式

G54 G90 G00 (G01) X__Z__;

G55 G90 G00 (G01) X__Z__;

G56 G90 G00 (G01) X__Z__;

G57 G90 G00 (G01) X__Z__;

G58 G90 G00 (G01) X__Z__;

G59 G90 G00 (G01) X__Z__;

（3）指令说明

① 一般通过对刀操作及对机床面板的操作，输入不同的零点偏移数值，来设定 G54～G59 共 6 个不同的工件坐标系，系统分别将它们存储在 6 个不同的存储器中，以备使用。

② 在编程及加工过程中，可以通过 G54～G59 指令来对不同的工件坐标系进行选择。

③ G54～G59 指令均为同组的模态指令，可相互注销。G54 为默认 G 指令。

（4）注意事项

① 通过零点偏移设定的工件坐标系，只要不对其进行修改、删除操作，该工件坐标系将永久保存，即使机床关机，其坐标系也将保留。因此，通常在批量加工时使用。

② 在使用 G54～G59 工件坐标系时，切记，如果将对刀后计算的偏置值填入 G55 工件坐标系，在编写程序时也一定要相对应地将 G55 工件坐标系写入程序，有时会习惯性地写上 G54 工件坐标系，那样会发生事故。

③ 使用该组指令前，必须先回参考点。

 课堂训练

如图 5-4 所示，使用工件坐标系编程。要求刀具从当前点移动到 A 点，再从 A 点移动到 B 点。

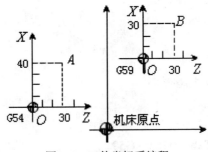

图 5-4　工件坐标系编程

程序如下：

```
%0058;
N10 G54 G00 G90 X40.0 Z30.0;
N20 G59;
N30 G00 X30 Z30;
N40 M30;
```

4. 直接机床坐标系编程指令 G53

（1）指令用途

机床坐标系是机床固有的坐标系，在机床调整后，一般此坐标系是不允许变动的。当完成手动返回参考点操作之后，就建立了一个以机床原点为坐标原点的机床坐标系，此时显示器上显示当前刀具在机床坐标系中的坐标值均为 0。

（2）指令说明

① G53 是以机床坐标系进行编程的，在含有 G53 的程序段中，绝对值编程时的指令值是在机床坐标系中的坐标值。

② G53 为非模态指令。

5.2.2.4　进给控制指令

1. 快速点定位指令 G00

（1）指令功能

G00 指令可控制刀具以点定位控制方式从所在点快速运动到目标点位置，它是快速定位，没有运动轨迹要求。该指令主要用于非切削加工状态，如起刀点、换刀点或刀具的返回等，即一般用于加工前快速定位或加工后快速退刀。G00 快速移动定位示意图如图 5-5 所示。

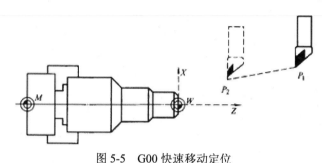

图 5-5　G00 快速移动定位

（2）指令格式

```
G90 G00 X__ Z__ ;
G90 G00 U__ W__ ;
```

（3）指令说明

① X、Z：绝对编程时，快速定位终点在工件坐标系的坐标值。

② U、W：增量编程时，快速定位终点相对于起点的位移量。

③ G00 指令是模态指令。

（4）注意事项

① G00 的移动轨迹可以是直线也可以是折线，当各轴可以在几个轴上同时执行快速移动时，产生一条线性轨迹。

② 机床数据中规定每个坐标轴快速移动速度的最大值，一个坐标轴运行时以最大速度快速移动。

③ 在执行 G00 指令时，若设置为非线性插补定位，由于各轴以各自快速移动速度定位，不能保证各轴同时到达终点，因而联动直线轴的合成轨迹不一定是直线，通常为折线。操作者必须格外小心，以免刀具与工件发生碰撞。常见的做法是将 X 轴移动到安全位置，再执行 G00 指令。

④ G00 指令一般用于加工前的快速定位或加工后的快速退刀。

课堂训练

如图 5-6 所示，使刀具快速从 A 点移动到 C 点，再返回到 A 点。

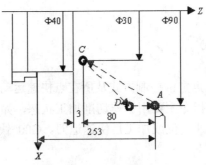

图 5-6 G00 指令编程实例

程　序	注　释
%0058;	程序名
N10 T0202;	换刀
N20 G00 X90.0 Z253.0;	快速到达 A 点
N30 G00 X30.0 Z173.0;	快速到达 C 点
N40 X90.0 Z253.0;	返回 A 点
N50 M05;	主轴停止
N60 M30;	程序结束

警告:

（1）在使用 **G00** 指令时，一定要计算好安全距离，否则，会发生刀具与机床、夹具或工件碰撞的事故。

（2）因为 **G00** 指令是模态指令，在使用时，一定要及时与 G01 切换，否则，会导致刀具和工件损坏。

（3）**G00** 指令不用指定移动速度 **F**，速度由机床系统参数设定。

2．直线插补指令 G01

（1）指令功能

G01 指令是命令刀具在两坐标间以插补联动方式按 F 指定的进给速度沿直线移动到指定的位置。该指令是模态指令，F 中指定的进给速度一直有效，直到指定新值，因此不必对每个程序段都指定 F。如果没有指令 F 代码，进给速度被当作 0。G01 直线插补示意图如图 5-7 所示。

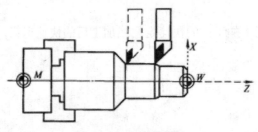

图 5-7 G01 直线插补

（2）指令格式

G01 X__ Z__ F__;

G01 U__W__ F__;

（3）指令说明

① X、Z：绝对编程时，终点在工件坐标系中的坐标。

② U、W：增量编程时，终点相对于起点的增量（位移量）。

③ F：进给速度，为模态指令，即一经程序段指定便一直有效。

（4）注意事项

① 首次使用 G00 指令时需指定进给量 F，否则系统会按照默认的速度进行运动。

② 程序中的 X、Z 为坐标值，其中 X 坐标值可以是该点的直径值，也可以是该点的半径值。

③ 在 G00、G01 指令的使用中，G00 为快速定位指令，属于非加工指令，而 G01 为加工指令。所以进退刀用 G00，而切削工件用 G01。

课堂训练 1

如图 5-8 所示，使用 G01 指令编程。

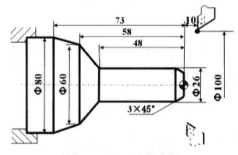

图 5-8　G01 编程实例

程　　序	注　　释
%0059;	程序名
N10 G92 X100.0 Z10.0;	设定坐标系，定义对刀点位置
N20 G00 X16.0 Z2.0 M03;	定义倒角延长线
N30 G01 U10.0 W-5.0 F300;	倒角 3×45°
N40 W-48.0;	加工直径为 26 的圆
N50 X60.0 Z-58.0;	切第一锥
N60 U20.0 W-15.0;	切第二锥
N70 X90.0;	退刀
N80 G00 X100.0 Z10.0;	回对刀点
N90 M05;	主轴停止
N100 M30;	程序结束

G01 指令的基本用法与其他各系统相同。此处主要介绍 G01 指令用于回转体类工件的台阶和端面交接处，实现自动倒圆或直角。

（5）圆角自动过渡指令

① 指令格式

G01 X__ Z__ R__ ;
G01 U__ W__ R__ ;

② 指令说明

直线倒角 G01 从 A 点到 B 点然后再到 C 点，如图 5-9 所示。

- X、Z：绝对编程时，未倒角前两相邻轨迹程序段的交点 G 的坐标。
- U、W：增量编程时，G 点相对于起始直线轨迹 A 点的坐标。
- R：倒角圆弧的半径值。

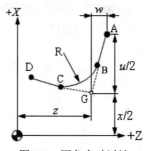

图 5-9　圆角自动过渡

（6）直角自动过渡指令

① 指令格式

G01 X__Z__ C__ ;
G01 U__ W__ C__ ;

② 指令说明

直线倒角 G01 从 A 点到 B 点然后再到 C 点，如图 5-10 所示。

- X、Z：绝对编程时，未倒角前两相邻轨迹程序段的交点 G 的坐标。
- U、W：增量编程时，G 点相对于起始直线轨迹 A 点的坐标。
- C：两直线的交点 G 相对于倒角起点 B 的距离。

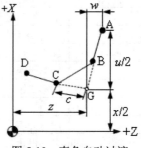

图 5-10　直角自动过渡

（7）注意事项

① 在螺纹切削程序段中不得出现倒角控制指令。

② X、Z 轴指定的移动量比指定的 R 或 C 小时，系统将报警，即 GA 长度必须大于 GB 长度。

课堂训练 2

如图 5-11 所示，使用倒角指令 G01 编程。

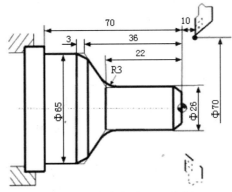

图 5-11　倒角指令 G01 编程

程　　　序	注　　　释
%0059;	程序名
N10 G92 X70.0 Z10.0;	设定坐标系，定义对刀点位置
N20 G00 U-70.0 W-10.0;	快速定位到工件中心点
N30 G01 U26.0 C3.0 F100;	倒 3×45°直角
N40 Z-22.0 R3.0;	倒圆角为 3
N50 U39.0 W-14.0 C3.0;	倒 3×45°等腰直角
N60 Z-70.0;	加工直径为 65 的圆
N70 G00 X70.0 Z10.0;	返回编程起始点
N80 M05;	主轴停止
N90 M30;	程序结束

总结：自动过渡倒圆角和直角指令会为精加工编程带来方便，但应特别注意，符号的正负要正确，否则会发生不正确的动作。

3．圆弧插补指令 G02/G03

（1）圆弧顺逆的判断

数控车床是两坐标的机床，只有 X 轴和 Z 轴。圆弧顺逆的判断方法是，在插补圆弧所在的平面（XZ 平面）根据右手定则判断出 Y 轴的正方向，从 Y 轴的正方向向负方向看去，刀具顺时针方向加工为 G02，刀具逆时针方向加工为 G03，如图 5-12 所示。

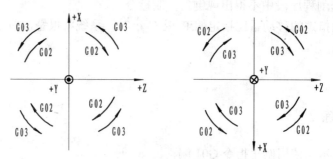

图 5-12　G02/G03 圆弧插补方向

（2）指令格式

$$\begin{Bmatrix} G02 \\ G03 \end{Bmatrix} X(U)\_Z(W)\_ \begin{Bmatrix} I\_K\_ \\ R\_ \end{Bmatrix} F\_;$$

（3）指令说明

① X、Z：绝对尺寸编程时，圆弧终点在工件坐标系中的坐标。

② U、W：增量尺寸编程时，圆弧终点相对圆弧起点的增量坐标值。

③ R：圆弧半径，当圆弧所对应的圆心角小于等于 180° 时，R 取正值；当圆弧所对应的圆心角大于 180° 时，R 取负值。在车床上，一般情况下不会加工大于 180° 的圆弧。

④ I、K：从圆弧始点向圆弧中心看的矢量，其符号由圆心坐标减圆弧始点坐标的正负号确定，其值总是用增量值指定，在绝对、增量编程时都是以增量方式指定，在直径、半径编程时 I 都是半径值。

⑤ F：进给速度。

（4）注意事项

① 顺时针或逆时针是从垂直于圆弧所在平面的坐标轴的正方向看到的回转方向，如图 5-13 所示。

② 如果地址 I、K 和 R 同时指定，由地址 R 指定的圆弧优先，其余被忽略。如果用 R 指定中心角接近 180° 的一段圆弧，中心坐标的计算会产生误差，在这种情况下，用 I 和 K 指定圆弧中心。如果指令了不包含在指定平面内的轴，则显示报警。

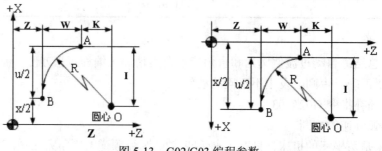

图 5-13　G02/G03 编程参数

课堂训练 1

如图 5-14 所示，用圆弧插补指令 G02/G03 编程。

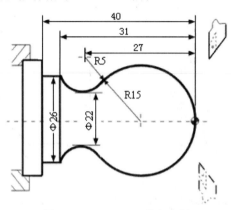

图 5-14　G02/G03 编程实例

程　　序	注　　释
%0060;	程序名
N10 T0404;	换刀
N20 G92 X40.0 Z5.0;	设定坐标系，定义对刀点的位置
N30 M03 S600;	主轴以 600r/min 旋转
N40 G00 X0;	到达工件中心
N50 G01 Z0 F60;	接触工件毛坯
N60 G03 U24.0 W-24.0 R15.0;	加工半径为 15 的圆弧
N70 G02 X26.0 Z-31.0 R5.0;	加工半径为 5 的圆弧
N80 G01 W-9.0;	加工直径为 26 的圆
N90 X40.0 Z5.0;	回对刀点
N100 M05;	主轴停止
N110 M30;	程序结束

（5）圆弧后倒圆角（如图 5-15 所示）

① 指令格式

```
G02 X（U）_ Z（W）_ R_ RC=_;
G03 X（U）_ Z（W）_ R_ RC=_;
```

② 指令说明

- X、Z：绝对尺寸编程时，表示圆弧终点在工件坐标系中的坐标。
- U、W：增量尺寸编程时，表示圆弧终点相对圆弧起点的增量坐标值。
- R：圆弧半径。
- RC：圆弧倒圆角半径值。

（6）圆弧后倒直角（如图 5-16 所示）

① 指令格式

```
G02  X（U）_  Z（W）_  R__  RL=_;
G03  X（U）_  Z（W）_  R__  RL=_;
```

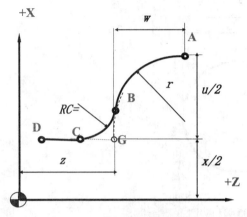

图 5-15　倒圆角参数说明

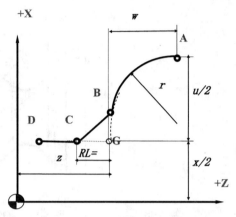

图 5-16　倒角参数说明

② 指令说明

● X、Z：绝对尺寸编程时，表示圆弧终点在工件坐标系中的坐标。

● U、W：增量尺寸编程时，表示圆弧终点相对圆弧起点的增量坐标值。

● R：圆弧半径。

● RL：圆弧倒直角值。

课堂训练 2

如图 5-17 所示，用圆弧插补及圆弧后倒角指令编程。

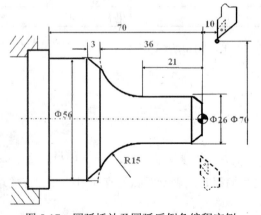

图 5-17　圆弧插补及圆弧后倒角编程实例

程　　序	注　　释
%0061;	程序名
N10 T0101;	换刀
N20 G92 G00 X70.0 Z10.0;	设定坐标系，定义对刀点
N30 G00 X0 Z4.0;	到达倒角延长线，Z4mm 处
N40 G01 W-4.0 F100;	到达工件前端中心
N50 X26.0 C3.0;	倒 3×45°的圆角
N60 Z-21.0;	加工直径为 21 的圆
N70 G02 U30.0 W-15.0 R15.0 RL=3.0;	加工圆弧于直角
N80 G01 Z-70.0;	加工直径为 56 的圆
N90 G00 U10.0;	快速让刀到 66 处
N100 X70.0 Z10.0;	回编程原点
N100 M05;	主轴停止
N110 M30;	程序结束

4. 螺纹切削指令 G32——单行程螺纹切削指令

（1）指令功能

G32 指令可以加工圆柱螺纹、圆锥螺纹、外螺纹、内螺纹以及端面螺纹。

（2）指令格式

G32 X__ Z__ R__ E__ P__ F__;

G32 U__ W__ R__ E__ P__ F__;

（3）说明

① X、Z：绝对编程时，有效螺纹终点在工件坐标系中的坐标值。

② U、W：增量编程时，有效螺纹终点相对于螺纹起点的增量值。

③ F：螺纹导程，即主轴每转一周，刀具相对工件的进给值。

④ R：Z 轴方向退尾量，一般取 0.75～1.75 倍的螺距。

⑤ E：X 轴方向退尾量，取螺纹的牙型高。

⑥ P：主轴基准脉冲处距离螺纹切削起始点的主轴转角，默认为 0 时，可以省略不写。

如图 5-18 所示为螺纹切削参数的含义。

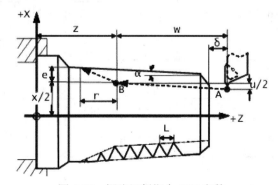

图 5-18　螺纹切削指令 G32 参数

（4）注意事项

① 螺纹加工时主轴必须旋转。从粗加工到精加工，主轴的转速必须保持为一常数。

② 在螺纹加工轨迹中，应设置足够的升速段和降速退刀段，以消除伺服滞后造成的螺距误差。

③ 在螺纹切削期间，进给速度倍率无效（固定在 100%）。

④ 不停止主轴而停止螺纹切削刀具进给是非常危险的，这将会突然增加切削深度，因此，在螺纹切削时进给暂停功能无效。如果在螺纹切削期间按了进给暂停按钮，刀具将在执行非螺纹切削的程序段后停止，就像按了单程序段按钮一样。

⑤ 在螺纹加工中不得使用恒定线速度控制功能。

⑥ R、E 在绝对编程或相对编程时都是以增量的方式指定，若其值为正，表示沿 Z 轴正向、X 轴正向退尾；反之，值为负，表示沿 Z 轴负向、X 轴负向退尾。

⑦ 螺纹加工车削成型时，切削进给量较大，刀具强度较差，一般要求分次进给加工。常用螺纹切削的进给次数与吃刀量如表 5-4 所示。

表 5-4　常用螺纹切削的进给次数与吃刀量

米 制 螺 纹							
螺距/mm	1.0	1.5	2	2.5	3	3.5	4
牙深（半径量）	0.649	0.974	1.299	1.624	1.949	2.273	2.598
切削次数及吃刀量（直径量） 1次	0.7	0.8	0.9	1.0	1.2	1.5	1.5
2次	0.4	0.6	0.6	0.7	0.7	0.7	0.8
3次	0.2	0.4	0.6	0.6	0.6	0.6	0.6
4次		0.16	0.4	0.4	0.4	0.6	0.6
5次			0.1	0.4	0.4	0.4	0.4
6次				0.15	0.4	0.4	0.4
7次					0.2	0.2	0.4
8次						0.15	0.3
9次							0.2

英 制 螺 纹							
牙/in	24	18	16	14	12	10	8
牙深（半径量）	0.678	0.904	1.016	1.162	1.355	1.626	2.033
切削次数及吃刀量（直径量） 1次	0.8	0.8	0.8	0.8	0.9	1.0	1.2
2次	0.4	0.6	0.6	0.6	0.6	0.7	0.7
3次	0.16	0.3	0.5	0.5	0.6	0.6	0.6
4次		0.11	0.14	0.3	0.4	0.4	0.5
5次				0.13	0.21	0.4	0.5
6次						0.16	0.4
7次							0.17

课堂训练

用 G32 指令加工 M30×1-6h 螺纹，其牙深 0.974mm（半径值）3 次背吃刀量（直径值）为 0.7mm、0.4mm、0.2mm，升降速段为 1.5mm、1mm，如图 5-19 所示。

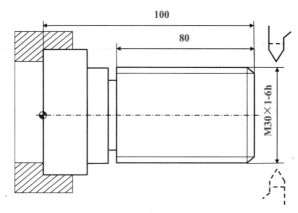

图 5-19　G32 指令编程实例

程　　序	注　　释
%0063;	程序名
N10 T0101;	换 1 号外螺纹刀，导入 1 号刀补
N20 M03 S460;	主轴正转，转速为 460r/min
N20 G92 X50.0 Z120.0;	设定坐标系，定义对刀点位置
N40 G00 X29.3 Z101.5;	快速到达螺纹起点，升速段为 1.5mm
N50 G32 Z19.0 F1;	切削螺纹到终点，降速段为 1mm
N60 G00 X40.0;	X 轴方向快退
N70 Z101.5;	Z 轴方向快退，到达螺纹起点
N80 X28.9;	X 轴方向快退，到达螺纹起点
N90 G32 Z19.0 F1;	切削螺纹到终点，降速段为 1mm
N100 G00 X40.0;	X 轴方向快退
N110 Z101.5;	Z 轴方向快退，到达螺纹起点
N120 X28.7;	X 轴方向快退，到达螺纹起点
N130 G32 Z19.0 F1;	切削螺纹到终点，降速段为 1mm
N140 G00 X40.0;	X 轴方向快退
N150 X50.0 Z120.0;	快速回对刀点
N170 M05;	返回起始点
N260 M30;	主程序结束并返回程序起点

提示：

（1）螺纹切削程序段不必指定倒角或拐角 R。

（2）G32 指令可以执行单行程螺纹切削，螺纹车刀进给运动严格根据输入的螺纹导程进行。但是，螺纹车刀的切入、切出、返回等需另外编入程序，编写的程序段比较多，因此在实际编程中一般很少使用 G32 指令。

5.2.2.5　暂停指令 G04

（1）指令功能

G04 指令可以暂停所给定的时间，但只对自身程序段有效，在此之前程序段中的主轴速度和进给量 F 保持存储状态。

（2）指令格式

```
G04 P_;
```

（3）指令说明

① G04 为非模态指令，仅在其被规定的程序段中有效。

② P：在其后跟延时时间，单位是 s，其后需加小数点。

（4）注意事项

① G04 在前一程序段的进给速度到 0 之后才开始暂停动作。

② 在执行 G04 指令的程序段时，先执行暂停功能。

③ G04 可使刀具短暂停留，以获得圆整而光滑的表面，该指令除用于切槽、钻镗孔外，还可用于拐角轨迹控制。

（5）举例

要暂停 2.5s，该指令可表达为：

```
G04 P2.5;
```

5.2.2.6　参考点控制

1．返回参考点指令 G28

（1）指令用途

G28 指令用于刀具自动更换或消除机械误差，在 G28 的程序段中不仅产生坐标轴移动指令，而且记忆了中间点坐标值以供 G29 使用。

（2）指令格式

```
G90 G28  X_  Z_;
G91 G28  U_  W_;
```

（3）指令说明

① X、Z：工件返回参考点时经过的中间点（非参考点），在 G90 时为中间点在工件坐标系中的坐标；在 G91 时为中间点相对于起点的位移量。

② G28 是非模态指令，只在规定的程序段中有效。

（4）注意事项

① G28 指令首先使所有的编程轴都快速定位到中间点，然后再从中间点返回到参考点。

② 在使用 G28 指令前应取消刀尖半径补偿。

③ 使用该指令应回过一次参考点。

课堂训练

① G91 G28 Z0;（表示刀具从当前点返回 Z 轴参考点）

② G91 G28 X0 Z0;（表示刀具从当前点返回参考点）

③ G90 G28 X50.0 Z20.0;（表示刀具经过点（50，20）后返回参考点）

> **提示：**
>
> （1）执行 **G28** 指令时，各轴先以 **G00** 的速度快移到程序指定的中间点位置，然后自动返回参考点。
>
> （2）经常将 **X** 和 **Z** 分开使用。先用 **G28 Z-**提刀并返回参考点位置，然后再用 **G28 X-**回到 **X** 方向的参考点。

2．从参考点返回指令 G29

（1）指令用途

G29 指令用于使所有的编程轴以快速进给经过由 G28 指令定义的中间点，然后到达指令指定点。

（2）指令格式

```
G90 G29 X__  Z__;
G91 G29 X__  Z__;
```

（3）指令说明

① X、Z：返回的定位终点，在 G90 时为定位终点在工件坐标系中的坐标；在 G91 时为定位终点相对于 G28 中间点的位移量。

② G29 是非模态指令，只在规定的程序段中有效。

（4）注意事项

G29 指令通常紧跟在 G28 指令之后，成对出现。

课堂训练

如图 5-20 所示，使用 G28、G29 指令编程。

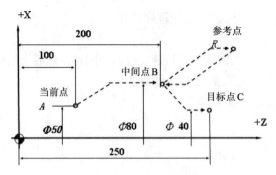

图 5-20　G28/G29 编程实例

程　序	注　释
%0052;	程序名
N10 T0101;	换 1 号外螺纹刀，导入 1 号刀补
N20 G92 X50.0 Z100.0;	设定坐标系，定义对刀点
N30 G28 X80.0 Z200.0;	从 A 点到 B 点再快速移动到参考点
N40 G29 X40.0 Z250.0;	从参考点 R 经中点 B 到达 C 点
N50 G00 X50.0 Z100.0;	快速回对刀点
N60 M05;	主轴停止
N70 M30;	程序结束并返回参考点

5.3　固 定 循 环

5.3.1 　循环概述

在有些特殊的粗车加工中，由于切削量大，同一加工路线要反复切削多次，此时可利用固定循环功能，用一个程序段指定多个程序段指令的加工路线，在重复切削时，只需变更参数值即可。采用循环编程，可以缩短程序段的长度、减少程序所占内存。固定循环一般分为单一形状固定循环和复合形状固定循环。

5.3.2　简单循环指令

简单循环指令包括内外切削循环指令 G80、端面切削循环指令 G81 和螺纹切削循环指令 G82，用一个含 G 代码的程序段完成多个程序段指令的加工操作，可简化程序。

5.3.2.1　内（外）切削循环指令 G80

G80 循环指令主要用于加工圆柱面和圆锥面的固定循环切削。

1．圆柱面内（外）径切削循环指令

（1）指令功能

G80 循环指令用于加工圆柱面时，切削时刀具起点与指定的终点间形成一个封闭的矩形。

（2）指令格式

```
G80 X（U）__ Z（W）__ F__；
G80 X（U）__ Z（W）__ F__；
```

（3）指令说明

① X、Z：绝对编程时，切削终点在工件坐标系中的坐标值。

② U、V：增量编程时，切削终点相对于循环起点的增量坐标值。

③ F：切削速度。

（4）轨迹路线

① 如图 5-21 所示，刀具从循环起点 A 出发，第 1 段沿 X 轴快速移动到达 B 点，第 2 段以 F 的进给速度切削到达 C 点，第 3 段切削到达 D 点，第 4 段快速退回到循环起点 A，完成一个切削循环。

② 图中虚线表示快速运动，实线表示按 F 指定的工作进给速度运动。

③ X、Z 为圆柱面切削终点坐标值，U、W 为圆柱面切削终点相对循环起点的增量值。

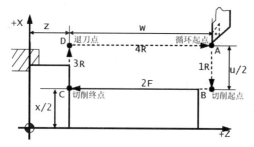

图 5-21　G80 圆柱外圆切削循环路线

课堂训练

如图 5-22 所示，使用 G80 指令编程。

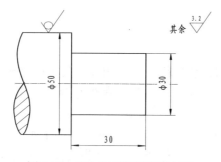

图 5-22　G80 外圆切削循环实例

程　　　序	注　　　释
%0064;	程序名
N10 G95 G21 G40;	指定转进给，米制单位，取消刀尖圆弧半径补偿
N20 M03 S600;	主轴正转，转速为600r/min
N30 T0101;	换1号外圆车刀，导入1号刀补
N40 G92 X60.0 Z10.0;	定义坐标系，设置对刀点
N50 G00 X52.0 Z2.0;	快速到达循环起始点
N60 G80 X47.0 Z-29.90 F0.2;	粗加工，背吃刀量为3mm，进给量为0.2mm/r
N70 X44.0 Z-29.90;	模态指令，循环加工
N80 X41.0 Z-29.90;	
N90 X38.0 Z-29.90;	
N100 X35.0 Z-29.90;	
N110 X32.0 Z-29.90;	
N120 G80 X30.0 Z-30.0 F0.05 S1000;	精加工，进给量为0.05mm/r，转速为1000r/min
N130 G00 X60.0 Z10.0;	刀具快速回对刀点
N140 M05;	主轴停止
N150 M30;	主程序结束并返回程序起点

2. 圆锥面切削循环指令

（1）指令功能

G80循环指令用于加工圆锥面时，切削时刀具起点与指定的终点间形成一个封闭的梯形。

（2）指令格式

G80 X__ Z__ I__ F__;

G80 U__ W__ I__ F__;

（3）指令说明

① X、Z：绝对编程时，切削终点在工件坐标系中的坐标值。

② U、V：增量编程时，切削终点相对于循环起点的增量坐标值。

③ I：切削起点与切削终点的半径差，即被加工锥面两端直径差的1/2，其符号为差的符号（无论是绝对值编程还是增量编程）。具体计算方法为右端面半径尺寸减去左端面半径尺寸。对外径车削，锥度左大右小时I值为负，反之为正；对内孔车削，锥度左小右大时I值为正，反之为负。

④ F：切削速度。

（4）轨迹路线

① 如图5-23所示，刀具从循环起点A出发，第1段沿x轴快速移动到达B点，第2段以F的进给速度切削到达C点，第3段切削到达D点，第4段快速退回到循环起点A，完成一个切削循环。

② 图中虚线表示快速运动，实线表示按F指定的工作进给速度运动。

③ X、Z为圆柱面切削终点坐标值，U、W为圆柱面切削终点相对循环起点的增量值。

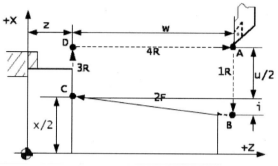

图 5-23　G80 圆锥外圆切削循环路线

提示：锥面精加工时，首进刀段为 **G00** 方式，为避免 **G00** 方式走刀时刀具与工件表面接触，通常将刀具偏离锥面端面，此时刀具起始位置的 **Z** 坐标取值与实际锥度的起点 **Z** 坐标不一致，应算出锥面轮廓延长线上对应所取 **Z** 坐标处与锥面终点处的实际直径差。

（5）G80 指令代码与加工形状之间的关系

G80 指令代码与加工形状之间的关系如图 5-24 所示。

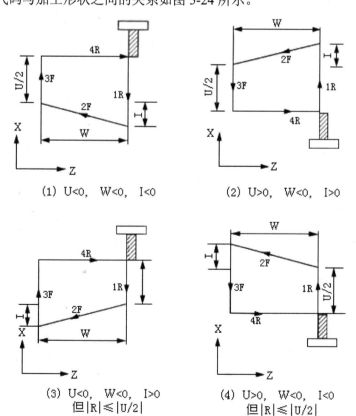

(1) U<0, W<0, I<0

(2) U>0, W<0, I>0

(3) U<0, W<0, I>0
但|R|≤|U/2|

(4) U>0, W<0, I<0
但|R|≤|U/2|

图 5-24　G80 指令代码与加工形状之间的关系

课堂训练 1

如图 5-25 所示，使用 G80 指令编程。

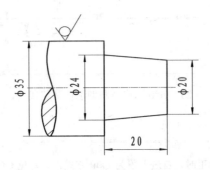

图 5-25　G80 外圆锥切削循环实例

程　　　序	注　　　释
%0065;	程序名
N10 G95 G21 G40;	指定转进给，米制单位，取消刀尖圆弧半径补偿
N20 M03 S800;	主轴正转，转速为 800r／min
N30 T0101;	换 1 号外圆车刀，导入刀具刀补
N40 G92 X50.0 Z10.0;	定义坐标系，设置对刀点
N50 G00 X40.0 Z2.0;	快速到达循环起点
N60 G80 X35.0 Z-20.0 I-2.2 F0.2;	粗加工，背吃刀量为 3mm，进给量为 0.2mm/r
N70 X31.0 Z-20.0 I-2.2;	模态指令，循环加工
N80 X28.0 Z-20.0 I-2.2;	
N90 X24.5 Z-20.0 I-2.2;	
N100 G80 X24.0 Z-20.0 I-2.2 F0.05 S1200;	精加工，进给量为 0.05mm/r，转速为 1200r/min
N110 G00 X50.0 Z10.0;	快速回到对刀点
N120 M05;	主轴停止
N130 M30;	主程序结束并返回程序起点

本例小结：用 G80 指令编程加工圆锥零件时，循环起点往往选在工件端面以右。本例将循环起点选在 Z2.0 的位置，此时刀具的位置（起始位置）所对应锥面轮廓延长线上的 X 坐标是 X19.6，所以程序中的 I=（19.6-24.0）/2=-2.2。

 课堂训练 2

如图 5-26 所示，使用 G80 指令编程。

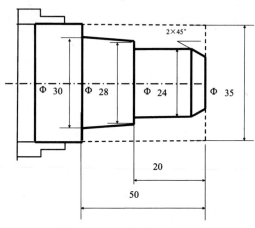

图 5-26　G80 指令编程实例

程　序	注　释
%0066;	程序名
N10 G95 G21 G40;	指定转进给，米制单位，取消刀尖圆弧半径补偿
N20 M03 S800;	主轴正转，转速为 800r / min
N30 T0101;	换 1 号外圆车刀，导入刀具刀补
N40 G92 X50.0 Z10.0;	定义坐标系，设置对刀点
N50 G00 X40.0 Z2.0;	快速到达循环起点
N60 G80 X31.0 Z-50.0 F0.2	粗加工，进给量为 0.2mm/r
N70 G80 X25.0 Z-20.0;	
N80 G80 X29.0 Z-4.0 I-7 F0.2;	
N90 G00 X50.0 Z10.0;	快速回到对刀点
N100 T0202;	换 2 号外圆车刀，导入刀具刀补
N110 G92 X50.0 Z10.0;	定义坐标系，设置对刀点
N120 G00 X14.0 Z3.0;	快速到达倒角点
N130 G01 X24.0 Z-2.0 F0.1;	加工 2×45°的倒角
N140 W-20.0;	加工直径为 24 的圆
N150 U4.0;	X 轴向进刀
N160 U2.0 W-30.0;	加工直径为 28 的锥形
N170 G00 X36.0;	X 轴向退刀
N180 G00 X50.0 Z10.0;	快速回到对刀点
N190 M05;	主轴停止
N200 M30;	主程序结束并返回程序起点

5.3.2.2　端面切削循环指令 G81

G81 循环指令主要用于加工圆柱端面和圆锥端面的固定循环切削。

1．圆柱端平面切削循环指令

（1）指令功能

G81 指令主要用于加工长度和大小径之差较大而轴向阶梯长度较短的盘类、套类零件的端面切削，其车削特点是利用刀具的端面切削刃作为主切削刃。G81 与 G80 的区别只是切削方向不同，G81 的切削方向是 X 轴方向，主要适用于 X 向进给量大于 Z 向进给量的情况。

（2）指令格式

```
G81 X__  Z__  F__;
G81 U__  W__  F__;
```

（3）指令说明

① X、Z：绝对编程时，切削终点在工件坐标系下的坐标。

② U、W：增量编程时，切削终点相对于循环起点的增量坐标值。

③ F：进给速度。

（4）轨迹路线

① 如图 5-27 所示，刀具从循环起点 A 出发，第 1 段以 G00 方式沿 Z 轴进刀到达 B 点，第 2 段以 F 的进给速度切削到达 C 点，第 3 段沿 Z 方向退刀光整工件外圆，第 4 段以 G00 方式快速退回到循环起点 A，完成一个切削循环。

② 图中虚线表示快速运动，实线表示按 F 指定的工作进给速度运动。

③ X、Z 为圆柱面切削终点坐标值，U、W 为圆柱面切削终点相对循环起点的增量值。

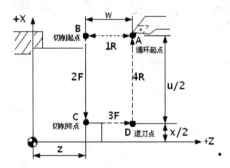

图 5-27　G81 圆柱端面切削循环路线

课堂训练

如图 5-28 所示，使用 G81 指令编程。

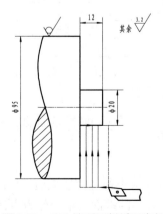

图 5-28　G81 端面切削循环实例

程　序	注　释
%0066;	程序名
N10 G95 G21 G40;	指定转进给，米制单位，取消刀尖圆弧半径补偿
N20 M03 S600;	主轴正转，转速为 600r / min
N30 T0202;	换 2 号端面车刀，导入 2 号刀补
N40 G90 G54 G00 X98.0 Z5.0;	建立工件坐标系，快速到达循环起点
N50 G81 X20.2 Z-2.0 F0.3;	循环加工，切削深度为 2mm，进给量为 0.3mm/r
N60 X20.2 Z-4.0;	
N70 X20.2 Z-6.0;	
N80 X20.2 Z-8.0;	模态指令，继续循环加工
N90 X20.2 Z-10.0;	
N100 X20.2 Z-11.8;	
N120 G94 X20.0 Z-12.0 F0.05 S1000;	精加工，进给量为 0.05mm/r，转速为 1000r/min
N130 G00 X100.0 Z10.0;	快速回到对刀点
N140 M05;	主轴停止
N150 M30;	主程序结束并返回程序起点

提示：

（1）套类、盘类零件的端面用 **G80** 指令加工时进给切削次数太多，而用 **G81** 指令以车削端面的方式进行循环加工，则减少了切削次数，从而缩短了加工时间。

（2）**G81** 为模态指令，当程序中连续使用 **G81** 指令切削循环时，后面程序段中的 **G81** 指令可以省略不写，但 **G81** 指令段中的 **X（U）**、**Z（W）** 不能省略。

2.圆锥端面切削循环指令

（1）指令功能

G81 指令为在工件的端面上加工出斜锥端面切削循环指令，与 G80 指令加工斜锥度时在编程方向和进给方向上有所区别，G80 指令是在工件的外圆上加工锥度，G81 指令是在工件的端面上加工出锥度。

（2）指令格式

```
G81 X_ Z_ K_ F_ ;
G81 U_ W_ K_ F_ ;
```

（3）说明

① X、Z：绝对编程时，切削终点在工件坐标系下的坐标。

② U、W：增量编程时，切削终点相对于循环起点的增量坐标值。

③ K：端面起始点至终点在位移 Z 向的坐标增量。编程时，切削起点坐标 Z 值大于终点坐标 Z 值，R 为正。反之，R 为负。

④ F：进给速度。

（4）轨迹路线

① 如图 5-29 所示，刀具从循环起点 A 出发，第 1 段以 G00 方式沿 Z 轴进刀到达 B 点，第 2 段以 F 的进给速度切削到达 C 点，第 3 段沿 Z 方向退刀光整工件外圆，第 4 段以 G00 方式快速退回到循环起点 A，完成一个切削循环。

② 图中虚线表示快速运动，实线表示按 F 指定的工作进给速度运动。

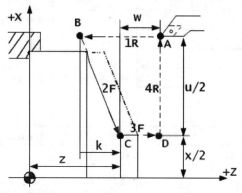

图 5-29　G81 圆锥端面切削循环路线

课堂训练

编程加工如图 5-30 所示的锥面。

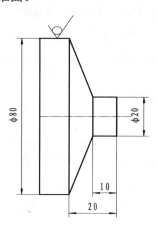

图 5-30　G81 圆锥端面循环实例

程　　序	注　　释
%0067;	程序名
N10 G95 G21 G40;	指定转进给，米制单位，取消刀尖圆弧半径补偿
N20 M03 S600;	主轴正转，转速为 600r/min
N30 T0202;	换 2 号端面车刀，导入刀具刀补
N40 G54 G90 G00 X86.0 Z3.0;	定义坐标系，快速到达循环起点

续表

程　　序	注　　释
N50 G81 X20.10 Z6.0 K-11.0 F0.3;	循环加工，进给量为 0.3mm/r
N60 X20.10 Z2.0 K-11.0;	模态指令，循环加工
N70 X20.10 Z-1.0 K-11.0;	
N80 X20.10 Z-4.0 K-11.0;	
N90 X20.10 Z-7.0 K-11.0;	
N100 X20.10 Z-9.8 K-11.0;	
N110 G81 X20.0 Z-10.0 K-11.0 F0.10 S1000;	精加工循环，进给量为 0.1mm/r，主轴转速为 1000r/min
N120 G00 X100.0 Z10.0;	快速返回对刀点
N130 M05;	主轴停止
N140 M30;	主程序结束并返回程序起点

本例小结：加工类似本例顶锥角大于 90°的圆锥零件时，应采用 G81 指令编程。此时循环起点的 X 坐标应大于工件毛坯的直径。本例将循环起点选在 X86.0 的位置，此时刀具的位置（起始位置）所对应锥面轮廓延长线上的 Z 坐标是 Z-21.0，所以程序中的 K=-11.0。

5.3.2.3　螺纹切削循环指令 G82

G82 循环指令主要用于加工圆柱面和圆锥螺纹的固定循环切削。

1. 圆柱螺纹加工指令

（1）指令功能

G82 指令为圆柱螺纹切削循环指令，实质为单一循环加工螺纹。

（2）指令格式

G82 X_ Z_ R_ E_ C_ P_ F_;
G82 U_ W_ R_ E_ C_ P_ F_;

（3）指令说明

① X、Z：绝对编程时，有效螺纹终点 C 在工件坐标系下的坐标值。

② U、W：增量编程时，有效螺纹终点 C 相对 A 点的增量值。

③ R、E：螺纹的退尾量。R 和 E 均为向量，其中 R 为 Z 轴方向回退量，E 为 X 轴方向回退量。当 R、E 省略时，表示不用回退功能。

④ P：单头螺纹切削时，指主轴基准脉冲处距离切削起始点的主轴转角；多头螺纹切削时，指相邻螺纹头的切削起点之间对应的主轴转角。

⑤ F：螺纹导程。

⑥ C：螺纹头数，值为 1 时表示单线螺纹，可省略不写。

（4）轨迹路线

如图 5-31 所示，刀具先沿 X 轴进刀至 B 点，第 2 步沿 Z 轴切削螺纹，当到达某一位置时，接收到从机床来的信号，启动螺纹倒角，到达 C 点，第 3 步沿 X 轴退刀至 X 初始坐标位置 D 点，第 4 步沿 Z 轴退刀至 Z 初始坐标 A 点，完成螺纹指令的一次循环加工。

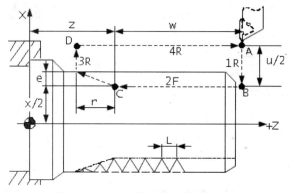

图 5-31　G82 圆柱螺纹切削循环路线

课堂训练

如图 5-32 所示的圆柱螺纹类零件，外圆柱面与退刀槽均已加工到尺寸要求，使用 G82 螺纹切削固定循环指令编写螺纹加工程序。设升速进给段为 δ=4mm，降速进给段为 δ=1.5mm。

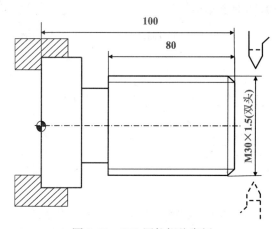

图 5-32　G82 圆柱螺纹实例

程　　　序	注　　　释
%0068;	程序名
N10 G95 G21 G40;	指定转进给，米制单位，取消刀尖圆弧半径补偿
N20 M03 S600;	主轴正转，转速为 600r/min
N30 T0303;	换 3 号端面车刀，导入刀具刀补
N40 G90 G55 G00 X35.0 Z104.0;	定义坐标系，快速到达循环起点
N50 G82 X29.2 Z18.5 C2 P180 F3;	双头螺纹切削循环 1，背吃刀量为 0.8mm
N60 X28.6 Z18.5 C2 P180 F3;	双头螺纹切削循环 2，背吃刀量为 0.6mm

程　　　序	注　　　释
N70 X28.2 Z18.5 C2 P180 F3;	双头螺纹切削循环 3，背吃刀量为 0.4mm
N80 X28.04 Z18.5 C2 P180 F3;	双头螺纹切削循环 4，背吃刀量为 0.16mm
N90 G00 X100 Z154.0;	回换刀点
N100 M05;	主轴停止
N110 M30;	主程序结束并返回程序起点

本例小结：G82 指令是模态指令、循环指令。使用 G82 指令编程加工螺纹时不必每行都写 G82，且不需编写进刀及退刀程序段。程序运行时，每运行一行 G82 程序即可自动执行一个循环，与 G32 指令相比大大简化了程序的编写。

2．锥螺纹切削循环指令

（1）指令功能

G82 指令为圆锥螺纹切削循环指令。

（2）指令格式：

G82 X_ Z_ I_ R_ E_ C_ P_ F_;
G82 U_ W_ I_ R_ E_ C_ P_ F_;

（3）指令说明

① X、Z：绝对编程时，有效螺纹终点 C 在工件坐标系下的坐标值。

② U、W：增量编程时，有效螺纹终点 C 相对 A 点的增量值。

③ I：锥螺纹始点与终点的半径差为模态值，其符号为差的符号。

④ R、E：螺纹的退尾量。R 和 E 均为向量，其中 R 为 Z 轴方向回退量，E 为 X 轴方向回退量。当 R、E 省略时，表示不用回退功能。

⑤ P：单头螺纹切削时，指主轴基准脉冲处距离切削起始点的主轴转角；多头螺纹切削时，指相邻螺纹头的切削起点之间对应的主轴转角。

⑥ F：螺纹导程，即主轴每转一圈，刀具相对工件的进给量。

⑦ C：螺纹头数，值为 1 时表示单线螺纹，可省略不写。

（4）轨迹路线

如图 5-33 所示，刀具先沿 X 轴进刀至 B 点，第 2 步沿 Z 轴切削螺纹，当到达某一位置时，接收到从机床来的信号，启动螺纹倒角，到达 C 点，第 3 步沿 X 轴退刀至 X 初始坐标位置 D 点，第 4 步沿 Z 轴退刀至 Z 初始坐标 A 点，完成螺纹指令的一次循环加工。

（5）注意事项

① 一般切削螺纹时，从粗车到精车是按照同样的螺距进行的。当安装在主轴上的位置编码器检测出第一转信号后，便开始切削，工件圆周上的切削起点仍保持不变。但是从粗车到精车，主轴转速必须是一定的，否则，螺纹切削会出现乱牙现象。

② 一般由于伺服系统的滞后，在螺纹切削的开始及结束部分，螺纹导程会出现不规则现象。为了考虑这部分的螺纹精度，在数控车床上切削螺纹时必须设置升速进刀段和降速退刀段，其数值与工件的螺距和转速有关，由各系统设定，一般大于一个导程。

③ 一般地，在保证生产效率和正常切削的情况下，选择较低的主轴转速。

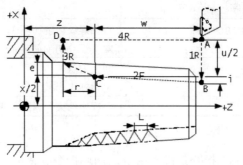

图 5-33　G82 圆锥螺纹轨迹路线

课堂训练

车削如图 5-34 所示的圆锥螺纹。螺距为 3.5mm，螺纹大径为 16mm，总背吃刀量为 3mm，3 次进给背吃刀量（半径值）均为 1mm，进退刀段第 1 段为 3mm、第 2 段为 1.5mm，进刀方法为直进法。用 G82 指令编程。

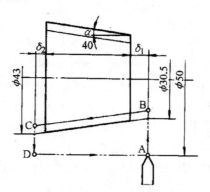

图 5-34　G82 圆锥螺纹加工实例

程　　序	注　　释
%0068;	程序名
G95 G21 G40;	指定转进给，米制单位，取消刀尖圆弧半径补偿
N20 M03 S600;	主轴正转，转速为 600r/min
N30 T0303;	换 3 号端面车刀，导入刀具刀补
N40 G92 G00 X50.0 Z10.0;	定义坐标系，快速到达循环起点
N50 G82 G91 X-9.0 Z-44.5 I-12.5 F3.5;	螺纹切削循环 1
N60 X-11 Z-44.5 I-12.5 F3.5;	螺纹切削循环 2
N70 Z-44.5 I-12.5 F3.5;	光刀
N80 G00 X50.0 Z10.0;	回对刀点
N90 M05;	主轴停止
N100 M30;	主程序结束并返回程序起点

本例小结:使用 G82 指令编程加工螺纹时,要注意循环起点的 Z 值不同,则 I 的值也会发生变化,也就是一定要考虑到空刀导入量和空刀退出量的变化对 I 产生的影响。

5.3.2.4　固定循环的应用

1.使用固定循环的注意事项

　　(1)固定循环中的数据 X(U)、Z(W)和 R 在 G80、G81、G82 中都是模态值。如果没有重新指令 X(U)、Z(W)和 R,则原来指定的数据依然有效。但是,如果指令了除 G04 以外的非模态 G 代码或 01 组除 G80、G81、G82 以外的其他 G 代码时,这些数据就被清除。

　　(2)如果在指令固定循环方式时指令了 M、S、T 功能,则固定循环和 M、S、T 功能可同时执行。如果不允许同时执行,在执行 M、S、T 功能时,用 G00 或 G01 取消固定循环,在执行完 M、S、T 后,再指令固定循环。

　　例如,执行 T 功能时取消固定循环的程序代码如下:

```
...
N40 T0101;
N50 G80 X60.0 Z-50.0 F0.20;        (G80 状态)
...
N100 G00 T0202;                    (取消 G80)
N110 G80 X30.0 Z-50.0;             (重新指令 G80)
```

2.固定循环的选择

应根据零件和毛坯的形状选择适当的固定循环。

　　(1)外圆切削循环

当被切除的毛坯为轴向长、径向短的矩形时,选用外圆切削循环。走刀轨迹如图 5-35 所示。

　　(2)圆锥切削循环

当零件形状为圆锥形,且顶锥角小于 90°时,选用圆锥切削循环。走刀轨迹如图 5-36 所示。

　　(3)端面切削循环

当被切除的毛坯为轴向短、径向长的矩形时,选用端面切削循环。走刀轨迹如图 5-37 所示。

　　(4)锥面切削循环

当零件形状为圆锥面,且顶锥角大于 90°时,选用锥面切削循环。走刀轨迹如图 5-38 所示。

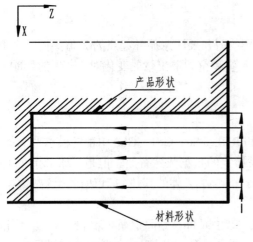

图 5-35　外圆切削循环（G80）

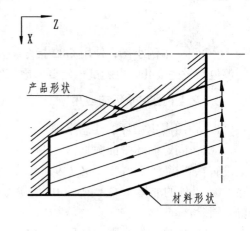

图 5-36　圆锥切削循环（G80）

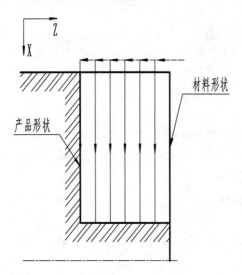

图 5-37　端面切削循环（G81）

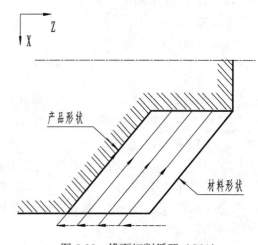

图 5-38　锥面切削循环（G81）

5.3.3　复合循环指令

华中系统提供了多种复合循环指令，主要用于粗/精车外形、内孔、钻孔、切槽和螺纹等加工，运用这些 G 指令，只需指定精加工路线和粗加工的背吃刀量，系统便会自动计算粗加工路线和加工次数，可以大大简化编程。

5.3.3.1　内（外）径粗车循环指令 G71

G71 指令称为内（外）径粗车复合循环指令或矩形复合循环指令，适用于毛坯料粗车外径和粗车内径。在 G71 指令后跟描述零件的精加工轮廓程序，CNC 系统根据加工程序所描述的轮廓形状和 G71 指令的各个参数自动生成加工路径，将粗加工待切除料切削完成。

1．无凹槽内（外）径粗车复合循环指令

（1）指令功能

G71 指令程序段用于平行于 Z 轴方向且起刀点回到循环起点的棒料粗车加工。如图 5-39 所示。

（2）指令格式

G71 U(△d) R(r) P(ns) Q(nf) X(△x) Z(△z) F(f) S(s) T(t);

（3）指令说明

① △d：切削深度（背吃刀量、每次切削量），半径值，无正负号。

② r：每次退刀量，半径值，无正负。

③ ns：精加工路线中第一个程序段的顺序号。

④ nf：精加工路线中最后一个程序段的顺序号。

⑤ △x：X 方向精加工余量，直径编程时为△u，半径编程时为△u/2，加工外圆时为正值，加工内圆时为负值。

⑥ △z：z 方向精加工余量的距离及方向。

⑦ f、s、t：粗加工时，G71 指令中编程的 f、s、t 有效；精加工时，处于顺序号为 ns～nf 的程序段的 F、S、T 有效。

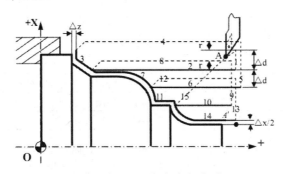

图 5-39　内（外）径粗车复合循环

（4）注意事项

G71 指令的切削循环的进给方向平行于 Z 轴，X(△x) 和 Z(△z) 的符号如图 5-40 所示，其中（+）表示沿轴正方向移动，（−）表示沿轴负方向移动。

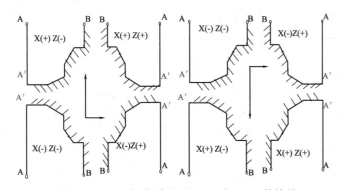

图 5-40　G71 复合循环下 X(△x) 和 Z(△z) 的符号

课堂训练 1

用 G71 指令编程加工如图 5-41 所示零件的外轮廓。

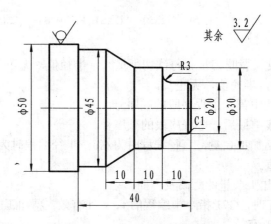

图 5-41　G71 加工外轮廓图

程　序	注　释
%0066;	程序名
N10 G95 G21 G40;	指定转进给，米制单位，取消刀尖圆弧半径补偿
N20 M03 S600;	主轴正转，转速为 600r/min
N30 T0101;	换 1 号外圆车刀，导入刀具刀补
N40 G01 X55.0 Z5.0;	快速到达循环起点
N50 G71 U2.0 R1.0 P60 Q150 X0.2 Z0.1 F0.2;	外圆粗加工，循环加工
N60 G00 X16.0 F0.05 S1000;	精加工，进给量为 0.05mm/r，主轴转速为 1000r/min
N70 G01 Z1;	
N80 X20.0 Z-1.0;	
N90 Z-7.0;	
N100 G02 X26.0 Z-10.0 R3.0;	
N110 G01 X30.0;	精加工轮廓描述
N120 Z-20.0;	
N130 X45.0 Z-30.0;	
N140 Z-40.0;	
N150 X52.0;	
N160 G00 X100.0 Z150.0;	返回换刀点
N170 G00 Z150.0;	刀具沿轴向快速退出
N180 X100.0;	刀具沿径向快速退出
N190 M30;	主程序结束并返回程序起点

课堂训练 2

用 G71 指令加工如图 5-42 所示的内轮廓（零件的左端面已加工，已钻成 ϕ20mm 的通孔）。

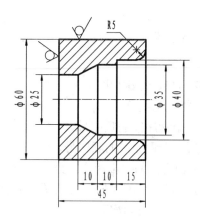

图 5-42　G71 加工内轮廓图

程　序	注　释
%0067;	程序名
N10 G95 G21 G40;	指定转进给，米制单位，取消刀尖圆弧半径补偿
N20 M03 S500;	主轴正转，转速为 500r/min
N30 T0404;	调用 4 号内孔车刀，导入刀具刀补
N40 G00 X18.0 Z2.0;	快速到达循环起点
N50 G71 U1.5 R1.0 P60 Q130 X-0.2 Z0.1 F0.2;	内径粗加工复合循环
N60 G00 X50.0 F0.05 S800;	精加工起点，精加工进给量为 0.05mm/r,主轴转速为 800r/min
N70 G01 Z0;	
N80 G02 X40.0 Z-5.0 R5.0;	
N90 G01 Z-15.0;	
N100 X35.0;	
N110 Z-25.0;	精加工轮廓描述
N120 X25.0 Z-35.0;	
N130 Z-46.0;	
N140 X20.0;	
N150 G00 Z150.0;	刀具沿轴向快速退出
N160 X100.0;	刀具沿径向快速退出
N170 M30;	主程序结束并返回程序起点

本例小结：用 G71 指令编程加工内轮廓时，指令中△X 为负值。加工本例零件时，应选用盲孔车刀。

2. 有凹槽内（外）径粗车复合循环指令

（1）指令格式

G71 U(△d) R(r) P(ns) Q(nf) E(e) F(f) S(s) T(t);

（2）指令说明

① △d：切削深度（背吃刀量、每次切削量），半径值，无正负号。

② r：每次退刀量，半径值，无正负。

③ ns：精加工路线中第一个程序段的顺序号。

④ nf：精加工路线中最后一个程序段的顺序号。

⑤ e：精加工余量，为 X 轴方向的等高距离，外径切削时为正，内径切削时为负。

⑥ f、s、t：粗加工时，G71 指令中编程的 f、s、t 有效；精加工时，处于顺序号为 ns～nf 的程序段的 F、S、T 有效，如图 5-43 所示。

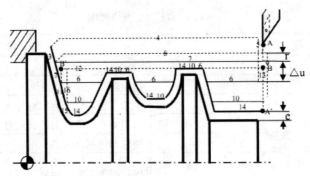

图 5-43　有凹槽内（外）径粗车复合循环

（3）注意事项

① G71 程序段本身不进行精加工，粗加工按后续程序段 ns～nf 给定的精加工编程轨迹，沿平行于 Z 轴方向进行。

② G71 程序段不能省略除 F、S、T 以外的地址符。G71 程序段中的 F、S、T 只在循环时有效，精加工时处于 ns～nf 程序段之间的 F、S、T 有效。

③ 循环中的第一个程序段（即 ns 段）必须包含 G00 或 G01 指令，即第一动作必须是直线或点定位运动，但不能有 Z 轴方向上的移动。

④ ns～nf 程序段中，不能包含子程序。

⑤ G71 循环时可以进行刀具位置补偿，但不能进行刀尖半径补偿。因此在 G71 指令前必须用 G40 指令取消原有的刀尖半径补偿。在 ns～nf 程序段中可以含有 G41 或 G42 指令，对精车轨迹进行刀尖半径补偿。

课堂训练

用 G71 指令加工如图 5-44 所示的凹槽零件的外径粗加工复合循环。

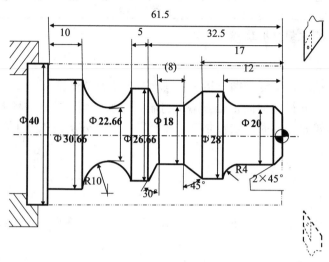

图 5-44　有凹槽零件的外径粗加工实例

程　　　序	注　　　释
%0069;	程序名
N10 G95 G21 G40;	指定转进给，米制单位，取消刀尖圆弧半径补偿
N20 M03 S500;	主轴正转，转速为 500r/min
N30 T0101;	调用 1 号车刀
N40 G54 G00 X80.0 Z100.0;	定义坐标系，设置对刀点
N50 G00 X42.0 Z3.0;	快速到达循环起点
N60 G71 U1.0 R1.0 P90 Q210 E0.3 F0.2;	有凹槽粗切循环加工
N70 G00 X80.0 Z100.0;	粗加工后，返回到换刀点
N80 T0202;	调用 2 号车刀，导入刀具刀补
N90 G42 G00 X42.0 Z3.0;	加入刀尖圆弧半径补偿
N100 G00 X10.0;	精加工轮廓
N110 G01 X20.0 Z-2.0 F0.15;	
N120 Z-8.0;	
N130 G02 X28.0 Z-12.0 R4.0;	
N140 G01 Z-17.0;	
N150 U-10.0 W-5.0;	
N160 W-8.0;	
N170 U8.66 W-2.5;	
N180 Z-37.5;	
N190 G02 X30.66 W-14.0 R10.0;	
N200 G01 W-10.0;	
N210 X40.0;	

续表

程 序	注 释
N220 G00 G40 X80.0;	取消刀补，沿径向快速退出
N230 Z100.0;	沿轴向快速退出
N240 M05;	主轴停止
N250 M30;	程序结束

5.3.3.2 端面粗车复合循环指令 G72

（1）指令功能

G72 指令称为端面粗车复合循环指令，其含义与 G71 类似，不同之处是刀具平行于 X 轴方向切削，它是从外径方向向轴心方向切削端面的粗车循环，该循环方式适用于对大小径之差较大而长度较短、端面形状较复杂的盘类零件进行分层粗车加工，如图 5-45 所示。

（2）指令格式

G72 W($\triangle$d) R(r) P(ns) Q(nf) X($\triangle$x) Z($\triangle$z) F(f) S(s) T(t);

（3）指令说明

① $\triangle$d：每次循环 Z 轴方向的切削深度（背吃刀量、每次切削量）。

② r：每次退刀量。

③ ns：精加工路线中第一个程序段的顺序号。

④ nf：精加工路线中最后一个程序段的顺序号。

⑤ $\triangle$x：x 方向精加工余量的距离及方向，直径编程时为 $\triangle$u，半径编程时为 $\triangle$u/2，加工外圆时为正值，加工内圆时为负值。

⑥ $\triangle$z：z 方向精加工余量的距离及方向。

⑦ f、s、t：粗加工时，G72 指令中编程的 f、s、t 有效；而在精加工时，处于顺序号为 ns～nf 的程序段的 F、S、T 有效。

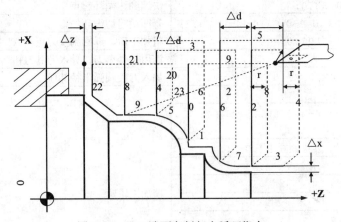

图 5-45　G72 端面车削复合循环指令

（4）注意事项

① G72 指令的切削循环的进给方向平行于 X 轴方向，X($\triangle$x)和 Z($\triangle$z)的符号如图 5-46

所示，其中（+）表示沿轴正方向移动，（-）表示沿轴负方向移动。

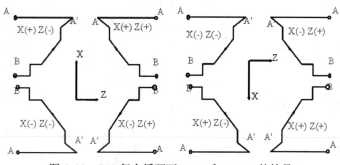

图 5-46　G72 复合循环下 X(Δx) 和 Z(Δz) 的符号

② G72 指令必须带有 P、Q 地址 ns、nf，且与精加工路径起、止顺序号对应，否则不能进行该循环加工。

③ 在顺序号为 ns～nf 的程序段中，不能调用子程序。

④ 当顺序号为 ns 的程序段用 G00 移动时，在指令 A 点时，必须保证刀具在 X 方向上位于零件之外。顺序号为 ns 的程序段不仅用于粗车，还要用于精车时进刀，一定要保证进刀的安全。

⑤ 循环中的第一个程序段(即 ns 段)必须包含 G00 或 G01 指令，即第一动作必须是直线或点定位运动，但不能有 X 轴方向上的移动。

⑥ G72 指令编程路线与 G71 指令相反，有别于习惯的编程思维，其编程路线应自左向右、自大到小。循环起点应选择在工件 X 轴方向和 Z 轴方向之外，且接近工件端面的安全处。

课堂训练

用 G72 指令编程加工如图 5-47 所示的外轮廓。

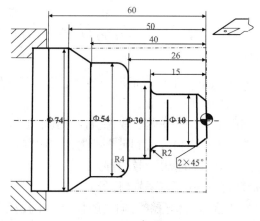

图 5-47　G72 外径粗切复合循环实例

程　　　序	注　　　释
%0071;	程序名
N10 G95 G21 G40;	指定转进给，米制单位，取消刀尖圆弧半径补偿
N20 M03 S500;	主轴正转，转速为 500r/min
N30 T0101;	调用 1 号车刀，导入刀具刀补
N40 G54 G00 X80.0 Z60.0;	定义坐标系，设置对刀点
N50 X76.0 Z1.0;	快速到达循环起点
N60 G72 W1.2 R1.0 P70 Q160 X0.2 Z0.5 F0.2;	外端面粗车加工
N70 G00 G42 Z-56.0;	调用半径补偿
N80 G01 X54.0 Z-40.0 F0.1;	精加工轮廓
N90 Z-30.0;	
N100 G02 U-8.0 W4.0 R4.0;	
N110 G01 X30.0;	
N120 W11.0;	
N130 U-16.0;	
N140 G03 U-4.0 W2.0 R2.0;	
N150 G01 Z-2.0;	
N160 X4.0 W3.0;	
N170 G00 G40 Z2.0;	取消刀补
N180 G00 X80.0;	沿径向快速退出
N190 G00 Z60.0;	沿轴向快速退出
N200 M05;	主轴停止
N210 M30;	程序结束并返回起始点

5.3.3.3　闭环粗车循环指令 G73

（1）指令功能

G73 指令称为成型加工复合循环指令，也称为固定形状粗车循环指令，它可以按零件轮廓的形状重复车削，每次平移一个距离，直至达到零件要求的位置。这种车削循环对余量均匀的零件（如锻造、铸造等毛坯）是适宜的。闭环车削复合循环如图 5-48 所示。

（2）指令格式

G73 U(△i) W(△k) R(r) P(ns) Q(nf) X(△x) Z(△z) F(f) S(s) T(t);

（3）指令说明

① △i：X 方向毛坯切削余量（半径值指定），为正值、模态值，直到下个指定之前均有效。根据程序指令，参数中的值也变化。

② △k：Z 方向毛坯切削余量，为正值、模态值，直到下个指定之前均有效。

③ r：粗切循环的次数，为模态值，直到下个指定之前均有效。

④ ns：精加工路径第一程序段的顺序号（行号）。

⑤ nf：精加工路径最后程序段的顺序号（行号）。

⑥ △x：X 轴方向精加工余量的留量和方向（随直径 / 半径指定而定）。

⑦ △z：Z 轴方向精加工余量的留量和方向。

⑧ f、s、t：在 G73 程序段中指令，在顺序号为 ns～nf 的程序段中粗车时使用 F、S、T 功能。

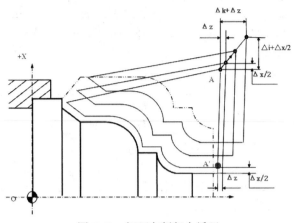

图 5-48　闭环车削复合循环

（4）注意事项

① G73 指令必须带有 P、Q 地址 ns、nf，且与精加工路径起、止顺序号对应，否则不能进行该循环加工。在顺序号为 ns～nf 的程序段中，不能调用子程序。

② ns 的程序段必须为 G00 或 G01 指令，否则报警。

③ G73 指令适用于毛坯形状与零件轮廓形状基本接近的铸、锻件毛坯件，也可以切削没有预加工的毛坯棒料。但 G73 指令用于加工未切除余量的棒料时，会有较多的空刀行程，因此应尽可能使用 G71 和 G72 指令切除余料。

课堂训练

用 G73 指令编程加工如图 5-49 所示的外轮廓。毛坯为 φ50mm 棒料。

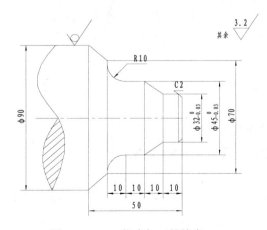

图 5-49　G73 指令加工外轮廓

程　　序	注　　释
%0073;	程序名
N10 G95 G21 G40;	设定转进给，米制编程，取消刀尖圆弧半径补偿
N20 M03 S700;	主轴正转，转速为 700r/min
N30 T0101;	换 1 号外圆车刀，导入 1 号刀补
N40 G00 X95.0 Z5.0;	快速接近工件
N50 Z0;	
N60 G01 X0 F0.2;	车端面
N70 G00 X95.0 Z5.0;	定位至循环起点
N80 G73 U31.0 W1.0 R15.0 P90 Q160 X0.2 Z0 F0.2;	调用平移粗加工循环
N90 G00 X26.0 Z1.0 F0.05 S1000;	轮廓起点，精加工参数设置
N100 G01 X32.0 Z-2.0;	精加工轮廓描述
N110 Z-10.0;	
N120 X45.0 Z-20.0;	
N130 Z-30.0;	
N140 G02 X65.0 Z-40.0 R10.0;	
N150 G01 X70.0;	
N160 X90.0 Z-50.0;	
N180 G00 X100.0;	刀具沿径向快速退出
N200 Z100.0;	刀具沿轴向快速退出
N210 M30;	主程序结束并返回程序起点

5.3.3.4 螺纹切削复合循环指令 G76

（1）指令功能

螺纹切削指令 G32 和螺纹切削固定循环指令 G82 在加工螺纹时都采用直进切削法，适合于小螺距的三角形螺纹加工。当螺距较大或者为梯形螺纹时，再用直进切削法就很容易出现扎刀现象，因此就需要采用斜进切削法或左右切削法来加工。螺纹切削复合循环指令 G76 的进给方式为斜进切削法，切进给量依次递减，是避免大螺距和梯形螺纹出现扎刀现象的好方法。G76 螺纹指令加工路线如图 5-50 所示。

（2）指令格式

G76 C(c) R(r) E(e) A(a) X(x) Z(z) I(i) K(k) U(d) V($\triangle d_{min}$) Q($\triangle d$) P(p) F(L)

（3）指令说明

① c：螺纹精加工次数（1～99），模态值。

② r：螺纹 Z 向退尾长度（0～99），模态值。

③ e：螺纹 X 向退尾长度（0～99），模态值。

④ a：螺纹牙型角（在 80°、60°、55°、30°、29° 和 0° 中选一个）。

⑤ i：螺纹两端的半径差。

⑥ k：螺纹牙型高度（半径值）。

⑦ d：精加工余量。

⑧ $\triangle d_{min}$：最小背吃刀量（半径值）。

⑨ p：主轴基准脉冲处距离切削起始点的主轴转角。

⑩ L：螺纹导程。

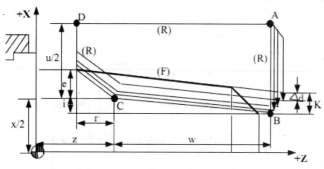

图 5-50　G76 螺纹指令加工路线

（4）注意事项

① 螺纹切削循环起始点坐标 X 向在切削外螺纹时应比螺纹大径大 2～3mm，Z 向必须考虑空刀导入量。利用螺纹切削复合循环指令，只要编写出螺纹的底径值、螺纹 Z 向终点位置、牙深及第一刀背吃刀量等加工参数，车床即可自动计算每次的吃刀量进行循环切削，直到加工完为止。

② G76 指令进给方式为斜进切削法车削螺纹。切削时用一个刀刃切削，减小了刀尖负荷。第一刀的切深为 $\triangle d$，第 n 刀的切深为 $\triangle d\sqrt{n}$，每次切削循环的切除余量均是常数，如图 5-51 所示。

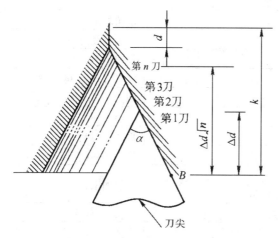

图 5-51　单侧刃切入加工进刀

③ 在螺纹切削复合循环 G76 加工中，按下进给暂停按钮时，与螺纹切削循环终点的倒角一样，刀具立即快速退回，返回循环的起点（切深为 $\triangle d\sqrt{n}$ 处）。当按下循环启动按钮时，螺纹切削恢复。

课堂训练

用 G76 指令编程加工如图 5-52 所示的螺纹。

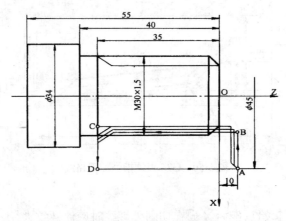

图 5-52　G76 螺纹编程实例

程　　序	注　　释
%0075;	程序名
N10 G92 X80.0 Z50.0;	定义坐标系，设置对刀点
N20 M03 S400;	主轴正转，转速为 400r/min
N30 M06 T0101;	调用第一把刀
N40 G90 G00 X22.0 Z2.0;	快速进刀
N50 G01 X30.0 Z-2.0 F100;	倒角加工
N60 Z-40.0;	加工直径为 30 的圆
N70 X34.0 ;	径向进刀
N80 Z-55.0;	加工直径为 34 的圆
N90 G00 X80.0 Z50.0;	回刀
N100 T0100;	取消刀补
N110 M06 T0202;	换 2 号刀具
N120 G00 X45.0 Z10.0;	快刀循环起点
N130　G76　C2.0　R7.0　A60.0　X-24.6 Z-35.0 I0 K2.3 U0.3 V0.1 Q0.6 F3.5;	螺纹加工
N140 G00 X80.0 Z50.0;	回换刀点
N150 T0200;	取消刀补
N160 M05;	主轴停止
N170 M30;	程序结束

警告：

（1）G71、G72 和 G73 复合循环中，地址 P 指定的程序段应有准备功能 01 组的 G00 或 G01 指令，否则产生报警。

（2）在 MDI 方式下，不能运行 G71、G72、G73 中由 P 、Q 指定顺序号之间的程序段，该程序段不应包含 M98 子程序调用及 M99 子程序返回指令。

5.4　刀具半径补偿指令

5.4.1 刀具补偿概述

数控车床的刀具补偿功能分为刀具偏置补偿、刀具磨损补偿和刀尖圆弧半径补偿，刀具的偏置和磨损补偿由 T 代码指定，而不是由 G 代码规定的准备功能指定，刀具的刀尖半径补偿由 G40、G41、G42 代码指定。

5.4.2 刀具补偿

1．刀具偏置补偿与刀具磨损补偿

编程时，设定刀架上各刀在工作位置时，其刀尖位置是一致的，但由于刀具的几何形状及安装不同，其刀尖位置是不一致的，其相对于工件原点的距离也是不同的。因此需要将各刀具的位置值进行比较或设定，这称为刀具偏置补偿。刀具偏置补偿可使加工程序不随刀尖位置的不同而改变，有以下两种形式：

（1）相对补偿形式

在对刀时，通常先确定一把刀为基准刀具，并以该刀的刀尖位置 A 为依据建立工件坐标系。这样，当其他各刀转到加工位置时，刀尖位置 B 相对基准刀刀尖位置 A 就会出现偏置，原来建立的坐标系就不再适用，因此应对非基准刀具相对基准刀具之间的偏置值△x 和△z 进行补偿，使刀尖位置从 B 移至 A，如图 5-53 所示。

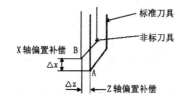

图 5-53　刀具偏置的相对补偿形式

（2）绝对补偿形式

当刀具回到机床零点时，工件坐标系零点相对于刀架工作位置上各刀刀尖位置的有向距离。当执行刀具补偿时，各刀以此值设定各自的加工坐标系，如图 5-54 所示。

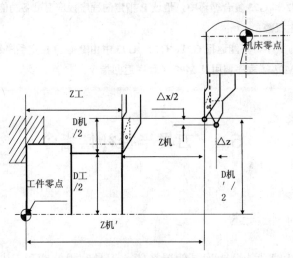

图 5-54　刀具偏置的绝对补偿形式

刀具使用一段时间后，会因磨损而使产品尺寸产生误差，因此需要对其进行补偿，该补偿与刀具偏置补偿存放在同一寄存器的地址中，各刀的磨损补偿只对该刀有效。

刀具的补偿功能由 T 代码指定，其后的 4 位数字分别表示选择的刀具号和刀具偏置补偿号。如 T0202 表示选择 2 号刀具和 2 号刀补。

刀具的补偿号是刀具偏置补偿寄存器的地址号，该寄存器存放刀具的 X 轴、Z 轴偏置补偿值和刀具的 X 轴、Z 轴磨损补偿值。

T 加补偿号表示开始补偿功能，补偿号为 00 表示补偿量为 0，即取消补偿功能。

课堂训练

使用刀具偏置补偿指令编制如图 5-55 所示的程序。

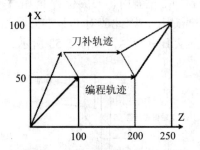

图 5-55　刀具偏置补偿编程实例

程　序	注　释
%0075;	程序名
G95 G21 G40;	程序初始化
T0202;	调用 2 号刀，导入 2 号刀补
G01 X50.0 Z100.0;	轮廓编程
W100.0;	
U50.0 W50.0;	
T0200;	取消刀补值
M05;	主轴停止
M30;	程序结束，并返回起始点

2．刀具圆弧半径补偿指令 G40、G41、G42

（1）指令功能

在实际加工中，刀尖带有半径不大的圆弧能有效提高刀具的使用寿命和降低加工表面的粗糙度。但是刀尖圆弧的存在也造成了一定的负面影响，在编制数控车床加工程序时，通常都将车刀的一个刀尖看作一个点（即刀位点），在加工锥面或圆弧时，就会带来工件的几何形状误差。为确保工件轮廓形状，加工时不允许刀具中心轨迹与被加工工件轮廓重合，而应与工件轮廓偏移一个刀尖圆弧半径值 R，这种偏移称为刀具半径补偿。

在数控系统编程时，不需要计算刀尖圆弧中心运动轨迹，而只按零件轮廓编程。在程序中使用刀具半径编程指令，在"刀具刀补设置"窗口中设置好刀具半径，数控系统便可在运行时自动计算出刀具中心轨迹，即刀具自动偏离工件轮廓一个刀具半径值，并按刀具中心轨迹运动，从而加工出所要求的工件轮廓，如图 5-56 所示。

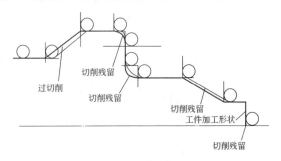

图 5-56　刀具圆弧半径补偿

（2）指令格式

$$\left.\begin{matrix} G41 \\ G42 \\ G40 \end{matrix}\right\} \left.\begin{matrix} G00 \\ G01 \end{matrix}\right\} X(U)\_\_ \ Z(W)\_\_;$$

（3）指令说明

① G41：刀尖圆弧半径左补偿指令。沿 Y 坐标轴的负方向及刀具运动方向看（假设工件不动），刀具位于工件左侧时，称为刀尖圆弧半径左补偿。

② G42：刀尖圆弧半径右补偿指令。沿 Y 坐标轴的负方向及刀具运动方向看（假设工件不动），刀具位于工件右侧时，称为刀尖圆弧半径右补偿。

③ G40：取消刀尖圆弧半径补偿指令。

④ X、Z：绝对编程时，刀具移动终点在工件坐标系中的坐标。

⑤ U、W：增量编程时，刀具移动终点相对于起点的增量（位移量）。

（4）注意事项

① G41、G42、G40 指令不能与圆弧切削指令写在同一程序段内，只可以与 G01、G00 指令写在同一程序段内，即它是通过直线运动来建立或取消刀具补偿的。通常采用切线切入或法线切入方式建立或取消刀补。

② 在 G41 或 G42 程序段后面加 G40 程序段，便可取消刀尖圆弧半径补偿。例如：

```
G41…;
…
G40…;
```

程序的最后必须以取消偏置状态结束，否则刀具不能在终点定位，而是停在与终点位置偏移一个矢量的位置上。

③ G41、G42、G40 都是模态指令。

④ 在 G41 方式中，不能再指定 G42 方式，否则补偿会出错；同样，在 G42 方式中，不能再指定 G41 方式。

⑤ 在使用 G41 或 G42 指令之后的程序段，不能出现连续两个或两个以上的补偿平面内非移动指令，否则 G41 和 G42 会失效。补偿平面内非移动指令通常指仅有 G、M、S、F、T 指令的程序段（如 G90 和 M05）及程序暂停程序段（如 G04 X8.0）。

⑥ 在选择刀尖圆弧偏置方向和补偿位置时，要特别注意前置刀架和后置刀架的区别。如图 5-57 所示。

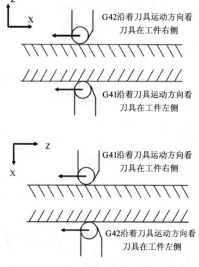

图 5-57　刀尖圆弧半径补偿方向及代码

⑦ 车刀刀尖的方向号定义了刀具刀位点与刀尖圆弧中心的位置关系，其从 0～9 有 10 个方向，如图 5-58 所示。

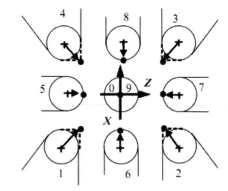

●代表刀具刀位点　　　　+代表刀尖圆弧中心 O

图 5-58　刀具刀位点与刀尖圆弧中心的位置关系

课堂训练

车削如图 5-59 所示的工件。毛坯为锻件，用一把 90° 偏刀分粗、精车两次进给，已知刀尖圆弧半径 R＝0.2mm，精车余量△＝0.3mm。

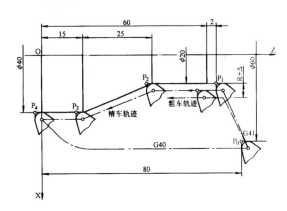

图 5-59　半径补偿编程实例

程　　　序	注　　　释
%0076 ;	程序名
N10　N10 G90 G92 X60.0 Z80.0;	定义坐标系，设置对刀点
N20　M03 S400 ;	主轴正转
N30　M06　T0101;	调用 1 号刀具，导入 1 号补偿
N40　M98　P0111　L1;	调用子程序
N50　T0100;	取消刀补值

续表

程　序	注　释
N60　M06　T0102;	调用 1 号刀具, 导入 2 号补偿
N70　M98　P0111　L1;	调用子程序
N80　T01000;	取消刀补值
N90　M05;	主轴停止
N100　M02;	程序结束
%0111;	子程序
N120　G41　G01　Z40.0;	直线插补到 P2 点
N130　X40.0　Z15.0;	直线插补到 P3 点
N140　Z0;	直线插补到 P4 点
N150　G40　G00　X60.0　Z80.0;	取消刀补, 返回对刀点
N160　M99 ;	子程序结束

5.5　子　程　序

5.5.1  子程序概述

在一个加工程序的若干位置上, 如果存在某些固定且重复出现的内容, 为了简化程序可以把这些内容抽出, 按一定格式编成子程序, 然后像主程序一样将它输入到程序存储器中。主程序在执行过程中如果需要某一子程序, 可以调用该子程序, 执行完子程序又可返回主程序, 继续执行后面的程序段。一个调用指令可以重复调用一个子程序 999 次。

5.5.2  相关理论

1. 子程序的格式

子程序的编写与一般程序基本相同, 只是程序结束符为 M99, 它表示子程序结束并返回到调用子程序的主程序中。

2. 子程序的调用

调用子程序的程序段格式为:

M98 P_ L_;

3. 子程序说明

(1) P 地址后一般跟 7 位数字, 其中前 4 位为被调用的子程序号 (调用次数大于 1 时, 子程序号前面的 0 不可以省略), 后 3 位为子程序重复调用循环的次数 (最多调用 999 次。

如果省略，则表示调用1次）。

（2）子程序与主程序相似，不同的是子程序用 M99 结束。

（3）子程序执行完请求的次数后返回到主程序 M98 的下一句继续执行。如果子程序后没有 M99，将不能返回主程序。

（4）子程序可以由主程序调用，已被调用的子程序也可以调用其他子程序。从主程序调用的子程序称为嵌套1重子程序，总共可以嵌套4重。

例如，M98 P0123 L8 表示调用程序号为 0123 的子程序 8 次。

课堂训练

用子程序指令编程加工如图 5-61 所示的工件。

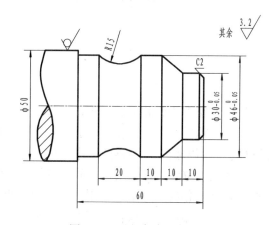

图 5-60 子程序编程实例

主 程 序	注 释
%0076;	程序名
N10 G95 G21 G40;	指定转进给，米制单位，取消刀尖圆弧半径补偿
N20 M03 S600;	主轴正转，转速为 600r/min
N30 T0101;	换 1 号外圆车刀，导入刀具刀补
N40 G00 X52.0 Z1.0;	快速到达循环起点
N50 M98 P5022 L14;	调用子程序加工
N60 G00 X100.0 Z100.0;	返回换刀点
N70 M05	主轴停止
N80 M30;	主程序结束并返回程序起点
子 程 序	注 释
%5022;	程序名
N10 G01 U-2.0 F0.3;	指定 X 方向每次的切削深度
N20 U6.0 W-3.0;	工件的轮廓描述
N30 W-8.0;	

续表

子　程　序	注　　释
N40 U16.0 W-10.0;	
N50 W-10.0;	
N60 G02 U0 W-20.0R15.0;	
N70 G01 W-10.0;	
N80 U6.0;	
N90 G00 Z1.0;	到达下一次循环起点
N100 U-28.0;	
N110 M99;	子程序结束并返回程序起点

5.6　用户宏程序

5.6.1　宏程序概述

在程序编写过程中，往往有很多形状相同或相近，但尺寸不同的零件结构特征，每次重新编制程序就显得十分烦琐，这时可以使用变量、算术和逻辑运算及条件转移指令在子程序中体现零件的走刀过程。运用宏指令编写出的程序就称为宏程序。

由于宏程序使用变量表示走刀位置点，使用前必须对变量赋确定的值。

虽然子程序对编制相同加工操作的程序非常有用，但用户宏程序允许使用变量、算术和逻辑运算及条件转移，使得编制相同加工操作的程序更方便、容易。可将相同加工操作编为通用程序，使用时，加工程序可用一条简单指令调用用户宏程序，和调用子程序完全一样。

5.6.2　华中宏程序知识

5.6.2.1　宏程序编程

华中数控系统为用户配备了强大的类似于高级语言的宏程序功能，用户可以使用变量进行算术运算、逻辑运算和函数的混合运算，此外宏程序还提供了循环语句、分支语句和子程序调用语句，利于编制各种复杂的零件加工程序，减少乃至免除手工编程时进行烦琐的数值计算，精简程序量。

（1）宏程序的调用格式

宏程序的调用格式如下：

　M98　P（宏程序号）　　（变量分配）

宏程序说明：

① M98：子程序调用指令。

② P（宏程序号）：被调用的宏程序代号。

③ （变量分配）：为宏程序中使用的变量赋值。

④ 与子程序相同，一个宏程序也可被另一个宏程序调用，最多可以调用 9 层。

（2）宏程序的编写格式

宏程序的编写格式如下：

```
%xxxx（xxxx 为 0001～8999，为宏程序号）
N10 指令
…
Nxxxx  M99
```

编写说明：

宏程序的编写格式与子程序相同。

5.6.2.2　变量

1．变量的表示

用一个可赋值的代号代替具体的值，这个代号就称为变量。与通用的编程语言不同，用户宏程序不允许使用变量名，变量用变量符号（#）和后面的变量号指定，如#1、#2、#101 等。

2．变量的分类

用户宏程序中的变量根据变量号分为当前局部变量、全局（公共）变量和系统变量 3 类，其性质和用途各不相同，如表 5-5 所示。

表 5-5　变量的类型

变　量　号	变　量　类　型	功　　能
#0～#49	当前局部变量	当前局部变量指局限在用户宏程序中使用的变量，同一局部变量在不同宏程序中的值是不通用的。当断电时，当前局部变量被初始化为空变量，调用宏程序时自变量对当前局部变量赋值。每一层都可以使用，但每一层的值是不一样的
#50～#199	全局变量	全局变量指在主程序和由主程序调用的各用户宏程序中的公用变量（可以使用同一个变量）。当断电时，全局变量被初始化为空变量。每一层都可以使用，但每一层的值是一样的
#599以上	系统变量	系统变量是固定用途的变量，其值决定系统的状态。系统变量用于读写CNC运行时的各种数据，如刀具的当前位置和补偿值，是自动控制和通用程序开发的基础

提示：用户编程仅限使用#0～#599，#599 以后的变量仅供系统程序编程人员参考使用。

3．变量的赋值

把常数或表达式赋给一个宏变量称为赋值，由于系统变量的赋值情况比较复杂，这里只介绍全局变量和局部变量的赋值。变量的赋值方式可分为直接赋值、间接赋值和用传递的字段名赋值。

（1）直接赋值

直接赋值语句的格式为：

宏变量=常数；

例如：#2=240（表示将数值 240 赋予变量#2）

#103=#2+3（表示将变量#2+3 的即时值赋予变量#103）

（2）间接赋值

间接赋值就是用表达式赋值，即把表达式的结果赋给其他变量。

例如：#2=175/SQRT[2]*COS[55*PI/180]

（3）用传递的字段名赋值

宏程序体以子程序方式出现，所用的变量可在宏程序调用时赋值。

例如：M98 P3000 X80.0 Z30.0 F100。其中 X、Z、F 分别对应宏程序中的变量号，变量的具体数值由传递的字段名后的数值决定。传递的字段名与宏程序中变量号的对应关系如表 5-6 所示。

表 5-6　华中系统局部变量赋值对照表

变 量 号	字段常数名	变 量 号	字段常数名
#0	A	#20	U
#1	B	#21	V
#2	C	#22	W
#3	D	#23	X
#4	E	#24	Y
#5	F	#25	Z
#6	G	#26	固定循环指令初始平面Z模态值
#7	H	#27	不用
#8	I	#28	不用
#9	J	#29	不用
#10	K	#30	调用子程序时轴0的绝对坐标
#11	L	#31	调用子程序时轴1的绝对坐标
#12	M	#32	调用子程序时轴2的绝对坐标
#13	N	#33	调用子程序时轴3的绝对坐标
#14	O	#34	调用子程序时轴4的绝对坐标
#15	P	#35	调用子程序时轴5的绝对坐标
#16	Q	#36	调用子程序时轴6的绝对坐标
#17	R	#37	调用子程序时轴7的绝对坐标
#18	S	#38	调用子程序时轴8的绝对坐标
#19	T		

（4）宏常量

常用的宏常量有以下 3 个。

① PI：圆周率 π。

② TRUE：条件成立（真）。

③ FALSE：条件不成立（假）。

4．变量的运算

（1）算术、逻辑运算和运算符

变量的算术、逻辑运算和运算符如表 5-7 所示。

表 5-7　变量的算术、逻辑运算和运算符

函 数 名 称	函 数 代 号	备　　注
加法	#i=#j+#k	
减法	#i=#j-#k	
乘法	#i=#j*#k	
除法	#i=#j/#k	
正弦（度单位）	#i=SIN[#j]	
余弦（度单位）	#i=COS[#j]	角度以度指定，如90°30′表示为90.5°
正切（度单位）	#i=TAN[#j]	
反正切（度单位）	#i=ATAN[#j]/[#k]	
平方根	#i=SQRT[#j]	#1=SQRT[#2]
绝对值	#i= ABS[#j]	#l=ABS[#2]
取整	#i= INT[#j]	#1=INT[#2]
取符号	#i= SIGN[#j]	#1=SIGN[#2]
指数	#i= EXP[#j]	#i=EXP[#2]
等于（=）	#i=EQ[#j]	AR[]判断参数合法性的宏（判断是否定义，是增量还是绝对）
不等于（≠）	#i= NE[#j]	
大于（>）	#i= GT[#j]	AR[变量]：0表示该变量没有被定义；90表示该变量被定义为绝对方式G90指令；9190表示该变量被定义为相对方式G91指令
小于（<）	#i= LT[#j]	
大于等于（≥）	#i= GE[#j]	
小于等于（≤）	#i= LE[#j]	
或	#i=#jOR#k	
非	#i=#jNOT#k	逻辑运算逐位按二进制数执行
与	#i=#jAND#k	

（2）运算次序

按照运算的先后顺序依次是函数、乘和除运算（*、/、AND）、加和减运算（+、-、OR）。

（3）括号嵌套

括号用于改变运算次序，最多可以嵌套使用 5 级（包括函数内部使用的括号），当超过 5 级时，出现 P/S 报警。

5.6.2.3 控制指令

1．条件判别语句（IF...ELSE...ENDIF）

（1）条件格式一

IF 条件表达式

…

ELSE

…

ENDIF

条件格式二

IF 条件表达式

…

ENDIF

（2）格式说明

① 如果指定的条件表达式满足，则执行程序中的相应操作。

② 如果指定的条件表达式不满足，则执行条件判断语句后的程序。

2．循环语句（WHILE...ENDW）

（1）循环格式

WHILE [条件表达式]；

…

ENDW

（2）格式说明

① 当指定条件满足时，执行从 WHILE 到 ENDW 之间的程序。

② 当指定条件不满足时，转而执行 ENDW 之后的程序段。

③ WHILE 和 ENDW 必须成对使用。

④ WHILE 语句允许多层嵌套。

课堂训练 1

宏程序嵌套编程。代码如下：

程　　序	注　　释
%0078；	程序名
G92 X0 Z0；	定义坐标系
N100 #10=98；	定义宏
M98 P100；	调用子程序 100
M30；	程序结束并返回起始点
%0100；	子程序

续表

程　　序	注　　释
N200 #10=100;	定义宏
M98 P110;	调用子程序 110
M99;	子程序结束
%0110;	子程序
N110;	
N300 #10=200;	定义宏
M99;	子程序结束

课堂训练 2

编制如图 5-61 所示的宏程序。

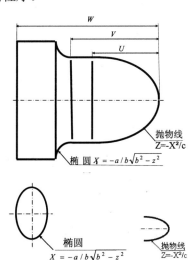

图 5-61　宏程序编程实例

程　　序	注　　释
%0079;	程序名
G92 X50.0 Z0.0;	定义坐标系，设置起点坐标
U32 V40 W55 A8 B5 C4 M98 P8001;	定义#20=32、#21=40、#22=55、#0=8、#1=5、#2=4
G36 G90 X50.0 Z0;	到起点位置
M30;	程序结束并返回起始点
%8001;	子程序名
#10=0　　#11=0;	抛物线起点 X、Z 轴坐标值
#12=0　　#13=0;	椭圆起点在 X、Z 轴方向增量值
G64　G37;	小线段连续加工、半径编程

程　　序	注　　释
WHILE #11 LE #20;	抛物线方程：Z=-X*X/C
G01 X[2*#10]	计算各段抛物线 X 轴坐标
Z[-[#11]] F1500;	
#10=#10+0.08;	
#11=#10*#10/#2;	计算各段抛物线 Z 轴坐标
ENDW;	
G01 X[2*[SQRT[#20*#2]]] Z[-#20];	到达抛物线终点
G01 Z[-#21];	到达直线终点
WHILe #13 LE #1;	椭圆方程：X*X/A*A+Z*Z/B*B=1
#16=#1*#1-#13*#13;	计算椭圆 X 轴方向的增量
#15=SQRT[#16];	
#12=#15*[#0/#1];	
G01 X[2*[SQRT[#20*#2]+#0-#12]]	确定椭圆 Z 轴方向的增量
Z[-#21-#13;	
#13=#13+0.08;	
ENDW;	
G01X [2*[SQRT[#20*#2]+#0]]Z[-#21-#1];	到达椭圆终点
G01 Z[-#22];	
U12;	
G00 Z0;	
M99;	子程序结束

5.7　本章精华回顾

（1）数控机床加工中的动作在加工程序中用指令的方式先予以规定，这类指令有准备功能 G、辅助功能 M、刀具功能 T、主轴转速功能 S 和进给功能 F 等。不同数控系统的编程指令是不同的，相同的系统装在不同的机床上，其编程指令也不尽相同。

（2）准备功能又称 G 功能、G 代码或 G 指令。准备功能是用来指定机床或数控系统的工作方式的一种指令，使数控机床做好某种操作准备。

（3）G 代码可分为模态 G 代码（续效 G 代码）和非模态 G 代码（非续效 G 代码）。在编程时，不同组的 G 代码能够在同一程序段中指定。如果同一程序段中指定了同组的 G 代码，则最后指定的 G 代码有效。

（4）辅助功能也称 M 功能，主要用来指令操作时各种辅助动作及其状态，如主轴的开、停，冷却液的开、关等。

（5）进给功能主要用来指令切削时的进给速度。

（6）刀具功能也称 T 功能，用来指令数控系统进行换刀或选刀。

（7）主轴转速功能也称 S 功能，用来指定主轴转速或速度。

（8）绝对值编程采用地址 X、Z 进行编程（其中 X 为直径值）；而在增量值编程中，用 U、W 进行编程。可用 X、W 或 U、Z 进行混合编程，一般情况下采用绝对编程。

（9）在有些特殊的粗车加工中，由于切削量大，同一加工路线要反复切削多次，此时可利用固定循环功能，用一个程序段指定多个程序段指令的加工路线，并且在重复切削时，只需变更参数值。固定循环一般分为单一形状固定循环和复合形状固定循环。

（10）在程序编写过程中，往往有很多形状相同或相近，但尺寸不同的零件结构特征，每次重新编制程序就显得十分烦琐，这时可以使用变量、算术和逻辑运算及条件转移指令（宏指令）在子程序中体现零件的走刀过程。

第6章 华中系统数控车床编程综合实训

6.1 轴类零件编程实训

　　轴类零件是实际生产中典型的车削类零件之一。此类零件通常需要进行调头加工，调头后必须要对零件进行必要的找正。正确的装夹与校正是保证零件加工质量的关键。有时加工一个零件需要进行多次装夹，每次装夹后都要对零件进行认真、细致的校正，从而保证零件的加工质量。此外，要保证零件加工质量，加工前要认真地进行图样分析、合理地进行工艺分析；加工中操作者要切实地按工艺路线和规程执行。

6.1.1 轴类零件编程实训一

6.1.1.1 实训案例

　　编制如图 6-1 所示零件的数控车床（以下简称数车）加工程序并进行加工，材料为 45 钢，毛坯直径为 50mm。

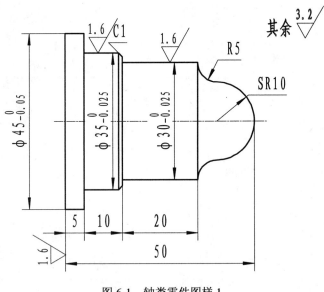

图 6-1 轴类零件图样 1

6.1.1.2 实训分析

此零件结构比较简单，外轮廓适合用 G71 指令编程进行粗加工，然后修改切削用量，再调用精加工程序一次进行切削。零件加工结束并检测合格后切断，保证总长为 50.5～51mm。工件调头后，三爪卡盘夹持 ϕ30mm 处，垫铜皮找正后夹紧，车端面保证总长即可。

6.1.1.3 实训操作

1．数控加工工艺卡

数控车床加工工艺卡

零件图号		数控车床加工工艺卡片			设备型号	设备编号
零件名称	轴类零件1				CKA6140	02
刀具表		量具表			工具表	
T01	93°外圆车刀	1	游标卡尺（0～150mm）		1	垫刀片若干
T02	切断刀（刀宽4mm）	2	外径千分尺（0～25mm）		2	常用车床辅具
		3	外径千分尺（25～50mm）		3	0.1mm厚铜皮
序号	工艺内容		切削用量			
			主轴转速（r/min）	进给速度（mm/r）	背吃刀量（mm）	
1	用三爪卡盘夹持毛坯外圆，伸出长约60mm，找正后夹紧					
2	手动车左端面（Z向对刀）		700	0.2		
3	粗车外轮廓，留加工余量0.3mm		700	0.2	1.0	
4	精车外轮廓达尺寸要求		1200	0.05	0.3	
5	工件精度检测					
6	合格后切断工件并保证总长为50.5mm		500	0.15	刀宽	
7	工件调头后，三爪卡盘夹持 ϕ30mm 处，垫铜皮找正后夹紧					
8	车端面，保证总长		700	0.05	0.5	
9	工件精度检测					
编制		审核		批准	共 1 页　第 1 页	

2．参考程序及说明

程　序	注　释
%6011;	程序名
N10 G95 G21 G40;	指定转进给，米制单位，取消刀尖圆弧半径补偿
N20 M03 S700;	主轴正转，转速为700r/min
N30 T0101;	换1号外圆车刀，导入1号刀补

程　　序	注　　释
N40 G00 G95 X50.0 Z2.0;	快速接近工件
N50 Z0;	
N60 G01 X0 F0.2;	车端面
N70 G00 X50.0 Z5.0;	快速到达循环起点
N80 G71 U1.5 R1.0 P90 Q190 X0.2 Z0.1 F0.3;	外径粗车复合循环，加工路线为 N90～N190，X 向精车留量 0.2mm，Z 向无精加工余量，粗加工进给速度为 0.3mm/r
N90 G01 X0;	
N100 Z0;	
N110 G03 X20.0 Z-10.0 R10.0;	
N120 G02 X30.0 Z-15.0 R5.0;	
N130 G01 Z-35.0;	
N140 X33.0;	精加工轮廓描述
N150 X35.0 Z-36.0;	
N160 Z-45.0;	
N170 X45.0;	
N180 Z-55.0;	
N190 X50.0;	
N200 G00 X100.0;	刀具沿径向快速退出
N210 Z100.0;	刀具沿轴向快速退出
N210 M05;	主轴停转
N220 M00;	程序暂停，对粗加工后的零件进行测量并修改刀具磨损值
N230 M03 S500;	主轴重新启动，转速为 500r/min
N240 T0202;	换 2 号切断刀，导入 2 号刀补
N250 G00 X48.0 Z-54.5;	快速到达切断位置
N260 G01 X0 F0.2;	切断
N270 G00 X100.0;	刀具沿径向快速退出
N280 Z150.0;	刀具沿轴向快速退出
N290 M30;	主程序结束并返回程序起点

3．操作步骤

（1）开机，回参考点。

（2）装夹工件和刀具。

（3）试切法对刀。

（4）编写并输入加工程序，检查程序。

（5）单步加工无误后自动连续加工。

（6）测量，修改刀具磨损值后加工。

（7）检验，合格后切下工件。

（8）工件调头后车端面，检验合格后卸下工件。

（9）数控车床的维护、保养及场地的清扫。

6.1.1.4　实训总结

　　工件加工时选用的粗、精加工的切削用量是不同的，特别是进给路线中的背吃刀量，但采用循环车削加工，每次循环的背吃刀量是相同的，不能明显区分粗、精加工。为了解决此问题，可以适当偏离循环起点，使粗加工完成后仍有精加工余量，并在更换切削用量后再调用一次加工程序进行切削。

6.1.2　轴类零件编程实训二

6.1.2.1　实训案例

　　编制如图 6-2 所示零件的数车加工程序并进行加工，材料为 45 钢，毛坯尺寸为 $\phi60\times180$mm。

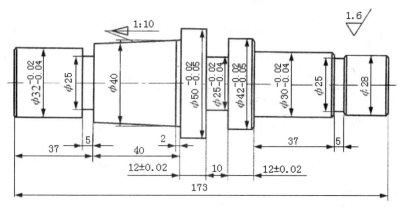

图 6-2　轴类零件编程图样 2

6.1.2.2　实训分析

　　此零件结构比较复杂，长度较长。从外圆轮廓上看，中间直径大，两端直径小。数控车削的加工特点之一是零件外形轮廓在直径方向应由小到大加工，因此加工零件轮廓时要两次调头，一夹一顶装夹零件来车削加工，两次装夹前先将中心孔加工好。第一次装夹零件时，采用三爪自定心卡盘和顶尖装夹零件右端，车削零件左端轮廓；第二次调头装夹零件时，用三爪自定心卡盘垫铜皮夹左端 $\phi32$mm 的外圆面，一夹一顶加工零件右端轮廓。

6.1.2.3  实训操作

1. 数控加工工艺卡

数控车床加工工艺卡

零件图号		数控车床加工工艺卡片		设备型号	设备编号
零件名称	轴类零件2			CKA6140	01
刀具表		量具表		工具表	
T01	93°外圆车刀	1	游标卡尺（0～150mm）	1	0.1mm厚铜皮
T02	外沟槽车刀（刀宽3mm）	2	外径千分尺（0～25mm）	2	垫刀片若干
		3	百分表及磁力表座		

序号	工艺内容	切削用量		
		主轴转速（r/min）	进给速度（mm/r）	背吃刀量（mm）
1	用三爪卡盘夹持毛坯外圆，找正后夹紧			
2	手动车端面（Z向对刀）	800		
3	粗车左端外轮廓，留加工余量0.3mm	800	0.2	1.5
4	精车左端外轮廓达尺寸要求	1500	0.1	0.3
5	车退刀槽	600	0.2	3.0
6	调头夹φ32mm外圆，垫铜皮后找正并夹紧，手动车左端（Z向对刀）并保证总长	700		
7	粗车右端轮廓，留加工余量0.3mm	800	0.3	1.5
8	精车右端轮廓达尺寸要求	1500	0.2	0.3
9	工件精度检测			
编制		审核		批准	共 1 页　第 1 页

2. 参考程序及说明

三爪自定心卡盘夹持毛坯，车削左轮廓

程　　序	注　　释
%6012;	程序名
N10 G95 G21 G40;	指定转进给，米制单位，取消刀尖圆弧半径补偿
N20 M03 S800;	主轴正转，转速为800r/min
N30 T0101 M08;	换1号外圆车刀，导入1号刀补,切削液开
N40 G00 X55.0 Z2.0;	快速接近工件
N50 Z0;	
N60 G01 X0 F0.2;	车端面
N70 G00 X53.0 Z2.0;	快速到达循环起点

程　序	注　释
N80 G71 U2.0 R1.0 P90 Q160 X0.3 Z0 F0.2;	外径粗车复合循环，加工路线为 N90～N180，X 向精车留量 0.3mm，进给速度为 0.2mm/r
N90 G42 G00 X28.0 S1500;	
N100 G01 X32.0 Z-1.0 F0.1;	
N110 Z-37.0;	
N120 X36.2;	精加工轮廓描述
N130 X40.0 W-38.0;	
N140 Z-77.0;	
N150 X52.0;	
N160 X53.0;	
N170 G00 X100.0;	刀具沿径向快速退出
N180 Z100.0;	刀具沿轴向快速退出
N210 M05;	主轴停转
N220 M00;	程序暂停，对粗加工后的零件进行测量并修改刀具磨损值
N230 T0202;	换 2 号外沟槽在刀，导入 2 号刀补
N240 M03 S600;	主轴正转，转速为 600r/min
N250 G00 X37.0;	X 轴方向快速定位
N260 Z-37.0;	Z 轴方向快速定位
N270 G01 X25.0 F0.1;	车槽 ϕ25mm 的圆
N280 X37.0;	退刀
N290 G00 X100.0;	刀具沿径向快速退出
N300 Z100.0;	刀具沿轴向快速退出
N310 M05;	主轴停转
N320 M30;	主程序结束并返回程序起点
三爪自定心卡盘夹持 ϕ32mm 的外圆，车削右轮廓	
%6013;	程序名
N10 G95 G21 G40;	指定转进给，米制单位，取消刀尖圆弧半径补偿
N20 M03 S800;	主轴正转，转速为 800r/min
N30 T0104 M08;	换 1 号外圆车刀，导入 4 号刀补，切削液开
N40 G00 X55.0 Z2.0;	快速到达循环起点
N50 G71 U2.0 R1.0 P60 Q170 X0.3 Z0 F0.2;	调用外径粗车复合循环，加工路线为 N60～N160，X 向精车留量 0.5mm，进给速度为 0.2mm/r
N60 G00 X24.0 S1500;	
N70 G01 X28.0 Z-1.0 F0.1;	左端轮廓精加工描述
N80 Z-25.0;	

程　　序	注　　释
N90 X30.0 W-1.0;	
N100 Z-62.0;	
N110 X40.0;	
N120 X42.0 W-1.0;	
N130 Z-84.0;	
N140 X50.0;	
N150 Z-97.0;	
N160 X53.0;	
N170 G40 G00 X100.0 Z5.0	返回换刀点
N180 M05;	主轴停转
N190 M00;	程序暂停，对粗加工后的零件进行测量并修改刀具磨损值
N200 T0205;	重新调用 2 号刀，导入 5 号刀补
N190 M03 S600;	主轴变速，转速为 600r/min
N200 G00 X32.0 Z-25.0;	快速点定位到槽位置
N210 G01 X25.0 F0.1;	
N220 X30.0;	
N230 Z-23.0;	
N240 X26.0 Z-25.0;	
N250 X25.0;	
N260 X52.0;	
N270 Z-84.0;	定位到 10mm 的槽处
N280 G01 X25.0 F0.1;	
N290 X44.0;	
N300 Z-80.0	
N310 X25.0	
N320 X44.0	10mm 槽加工
N330 Z-79.0	
N340 X25.0	
N350 Z-84.0	
N360 X52.0	
N370 G00 X100.0;	刀具沿径向快速退出
N380 Z50.0;	刀具沿轴向快速退出
N390 M30;	主程序结束并返回程序起点

3．操作步骤

（1）开机，回参考点。

（2）装夹工件和刀具。

（3）试切法对刀。

（4）编写并输入右端加工程序，检查程序。

（5）单步加工无误后自动连续加工。

（6）测量，修改磨损值后加工。

（7）测量合格后卸下工件。

（8）工件调头安装，按步骤（3）～（7）进行操作，加工左端达要求。

（9）测量合格后卸下工件。

（10）数控车床的维护、保养及场地的清扫。

6.1.2.4　实训总结

轴类零件是生产中最常见的零件之一，广泛应用于各种机械设备中。这类零件主要包括端面、外圆柱面、外沟槽、阶台以及螺纹等表面。加工时，首先要认真进行图样分析，然后拟定出合理的加工工艺路线，选择合理的切削用量和适宜的刀具，最后完成程序的编写、校验及加工。熟练进行轴类零件的工艺拟定和编程加工是一名数车工作者必备的技能。

6.2　盘、套类零件编程实训

盘、套类零件主要由孔、外圆与端面组成。除了对尺寸精度和表面粗糙度有要求外，其外圆对孔有径向圆跳动的要求，端面对孔有端面圆跳动的要求，一次保证径向圆跳动和端面圆跳动要求是制定盘、套类零件加工工艺需重点考虑的问题。

孔是盘、套类零件的主要特征。盘、套类零件在车削工艺上的特点主要是孔加工比外圆加工要困难许多，具体体现在以下几个方面。

（1）内孔加工较外圆车削而言，观察刀具切削情况比较困难，尤其在孔小而深时更为突出。

（2）受孔径大小的影响，内孔车刀刚性较差，容易在加工中出现振动等现象。

（3）内孔加工尤其是不通孔加工时，切屑难以排出。

（4）切削液难以到达切削区域。

（5）内孔测量比较困难。

6.2.1　套类零件编程实训一

6.2.1.1　实训案例

编制如图 6-3 所示零件的数车加工程序并进行加工，材料为 45 钢，毛坯尺寸为 $\phi45\times$ 120mm。

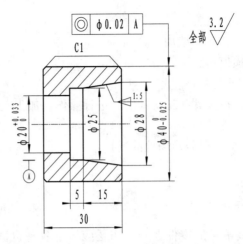

图 6-3 套类零件编程图样 1

 6.2.1.2 实训分析

此零件为典型的套类零件。由于 $\phi40mm$ 的外圆柱面与 $\phi20mm$ 的内孔有同轴度的要求，所以加工时 $\phi40mm$ 的外圆柱面与 $\phi20mm$ 的内孔应在一次安装中完成加工。本案例毛坯尺寸为 $\phi45\times120mm$，即一根毛坯可加工 3 个零件。加工时，用三爪自定心卡盘夹持毛坯，伸出适宜长度。将内、外轮廓全部加工完毕后切下工件，长度为 30.5～31mm。工件调头后垫铜皮，用三爪自定心卡盘夹持 $\phi40mm$ 外圆处找正后夹紧，车端面保证总长并车倒角。

 6.2.1.3 实训操作

1. 数控加工工艺卡

数控车床加工工艺卡

零件图号		数控车床加工工艺卡片		设备型号	设备编号
零件名称	套类零件1			CKA6140	02
刀具表		量具表		工具表	
T01	93°外圆车刀	1	游标卡尺（0～150mm）	1	薄铜皮
T02	盲孔车刀	2	外径千分尺（25～50mm）	2	垫刀片若干
T03	切断刀（刀宽4mm）	3	万能角度尺（0～320°）	3	常用车床辅具
其他	$\phi18mm$麻花钻头	4	内径表（18～35mm）		

序号	工艺内容	切削用量		
		主轴转速（r/min）	进给速度（mm/r）	背吃刀量（mm）
1	用三爪卡盘夹持毛坯外圆，伸出长度约40mm左右，找正后夹紧			

续表

2	手动车左端面（Z向对刀）	700		
3	用 $\phi18mm$ 的钻头钻出通孔	400		9
4	粗车外轮廓，留加工余量0.3mm	700	0.3	1.5
5	精车外轮廓达尺寸要求	1200	0.05	0.3
6	粗车内轮廓，留加工余量0.2mm	600	0.2	1.0
7	精车内轮廓达图纸要求	1000	0.05	0.3
8	调头夹 $\phi40mm$ 外圆处，垫铜皮后找正并夹紧，手动车左端（Z向对刀），保证总长达要求	700		
9	车倒角	700	0.05	
10	工件精度检测			
编制		审核		批准		共 1 页　第 1 页

2. 参考程序及说明

程　　序	注　　释
右端加工程序	
%6015;	程序名
N10 G95 G21 G40;	指定转进给，米制单位，取消刀尖圆弧半径补偿
N20 T0101 M08;	换 1 号外圆车刀，导入 1 号刀补
N30 M03 S700;	主轴正转，转速为 700r/min
N40 G00 X48.0 Z2.0;	快速到达循环起点
N50 G71 U1.5 R0.5 P60 Q100 X0.3 Z0 F0.3;	外径粗车循环，X 向精车余量 0.3mm，粗加工进给速度为 0.3mm/r
N60 G00 X38.0 S1200 F0.1;	精加工起点，设置精加工参数
N70 G01 Z0;	精加工轮廓描述
N80 X40.0 Z-1.0;	
N90 Z-35.0;	
N100 X40.0;	
N120 G00 X100.0 Z100.0;	刀具快速退回至换刀点
N130 M05;	主轴停转
N140 M00;	程序暂停，对粗加工后的零件进行测量并修改刀具磨损值
N150 T0202;	换 2 号盲孔车刀，导入 2 号刀补
N160 M03 S600;	主轴正转，转速为 600r/min
N170 G00 X18.0 Z2.0;	快速定位到循环起刀点
N180 G71 U1.0 R0.5 P200 Q250 X-0.2 Z0 F0.2;	内径粗车循环，X 向精车余量-0.2mm，粗加工进给速度为 0.2mm/r
N190 G00 X28.0 S1000 F0.05;	精加工轮廓起点，设置精加工参数
N200 G01 Z0;	精加工轮廓描述
N210 X25.0 Z-15.0;	
N220 Z-20.0;	
N230 X20.0;	

续表

程　序	注　释
N240 Z-31.0;	
N250 X18.0;	
N260 G00 Z100.0;	刀具沿轴向快速退出
N270 X100.0;	刀具沿径向快速退出
N280 M05;	主轴停转
N290 M00;	程序暂停，对工件进行检测
N300 M03 S500;	主轴正转，转速为500r/min
N310 T0303;	换3号切断刀，导入3号刀补
N320 G00 X42.0 Z-35.0;	定位至切断起点
N330 G01 X15.0 F0.2;	切断
N340 G00 X100.0;	刀具沿径向快速退出
N350 Z100.0;	刀具沿轴向快速退出
N360 M05;	主轴停转
N370 M30;	主程序结束并返回程序起点
工件调头后车端面及加工倒角程序	
%6017;	程序名
N10 G95 G21 G40;	程序初始化
N20 T0101 M08;	换1号外圆车刀，导入1号刀补
N30 M03 S700;	主轴正转，转速为700r/min
N40 G00 X48.0 ZO;	快速点定位
N50 G01 X18.0 F0.1;	车端面
N60 G00 X36.0 Z1.0;	定位至倒角起点
N70 G01 X42.0 Z-2.0;	车C1的倒角
N80 G00 X100.0 100.0;	返回换刀点
N90 M05;	主轴停转
N100 M30;	主程序结束并返回程序起点

3．操作步骤

（1）开机，回参考点。

（2）装夹工件和刀具。

（3）试切法对刀，钻通孔。

（4）编写并输入右端加工程序，检查程序。

（5）单步加工无误后自动连续加工。

（6）测量，修改磨损值后加工。

（7）测量合格后卸下工件。

（8）工件调头安装，车端面及倒角达要求。

（9）测量合格后卸下工件。

（10）数控车床的维护、保养及场地的清扫。

6.2.1.4 实训总结

盘、套类零件在加工时，主要是要解决好内孔车刀的刚性问题和排屑问题。一般是径向切削，切削力变化较大，零件易变形，因此不宜选用较大的切削用量。

6.2.2 套类零件编程实训二

6.2.2.1 实训案例

编制如图 6-4 所示套筒零件的数车加工程序并加工，材料为 45 钢，毛坯直径为 50mm，长为 50mm。

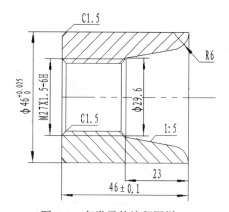

图 6-4 套类零件编程图样 2

 **6.2.2.2 实训分析**

此零件为典型的套类零件。由于 ϕ46mm 的外圆柱面与 ϕ27mm 的内孔有同轴度的要求，所以加工时 ϕ46mm 的外圆柱面与 ϕ27mm 的内孔应在一次安装中完成加工。加工时，用三爪自定心卡盘夹持毛坯，伸出适宜长度。将内、外轮廓全部加工完毕后切下工件，长度为 46.5mm。工件调头后垫铜皮，用三爪自定心卡盘夹持 ϕ46mm 外圆处，找正后夹紧，车端面保证总长并车倒角。

 **6.2.2.3 实训操作**

1. 数控加工工艺卡

数控车床加工工艺卡

零件图号		数控车床加工工艺卡片	设备型号	设备编号
零件名称	套类零件2		CKA6140	02

续表

刀具表		量具表		工具表	
T01	93°外圆车刀	1	游标卡尺（0～150mm）	1	薄铜皮
T02	盲孔车刀	2	外径千分尺（25～50mm）	2	垫刀片若干
T03	切断刀（刀宽4mm）	3	万能角度尺（0～320°）	3	常用车床辅具
T04	60°的内螺纹刀	4	螺纹塞规		
其他	φ18mm麻花钻头	5	内径表（18～35mm）		

序号	工艺内容	切削用量		
		主轴转速（r/min）	进给速度（mm/r）	背吃刀量（mm）
1	用三爪卡盘夹持毛坯外圆，伸出长度约50mm左右，找正后夹紧			
2	手动车左端面（Z向对刀）	700		
3	用φ18mm的钻头钻出通孔	400		9
4	粗车外轮廓，留加工余量0.3mm	700	0.3	1.5
5	精车外轮廓达尺寸要求	1500	0.05	0.3
6	粗车内轮廓，留加工余量0.2mm	700	0.2	1.0
7	精车内轮廓达图纸要求	1500	0.05	0.3
8	调头夹φ46mm外圆处，垫钢皮后找正并夹紧，手动车左端（Z向对刀），保证总长达要求	700		
9	车内螺纹达要求	500	3	单侧刃进刀
10	车倒角	700	0.05	
11	工件精度检测			
编制	审核	批准		共1页 第1页

2. 参考程序及说明

程　序	注　释
右端加工程序	
%6016;	程序名
N10 G21 G40 G95;	指定转进给，米制单位，取消刀尖圆弧半径补偿
N20 M03 S800;	主轴正转，转速为800r/min
N30 T0101;	换1号外圆车刀，导入1号刀补
N40 M08;	切削液开
N50 G00 X55.0 Z0.0;	快速进刀
N60 G01 X18.0 F0.1;	车削端面
N70 G00 X50.0 Z2.0;	快速到达循环起点
N80 G71 U1.5 R1.0 P150 Q170 X0.5 Z0.1 F0.15;	外径车削循环
N90 G00 X100.0 Z50.0;	退刀
N100 M05;	主轴停转
N110 M00	程序暂停，对粗加工后的零件进行测量并修改刀具磨损值

续表

程 序	注 释
N120 M03 S1500;	主轴正转，转速为 1500r/min
N130 T0101;	换 1 号外圆车刀，导入 1 号刀补
N140 G00 X50.0 Z2.0;	快速进刀
N150 G01 X46.0;	精加工轮廓
N160 Z-50.0;	
N170 X50.0;	
N180 M05;	主轴停转
N190 M00;	程序暂停，对粗加工后的零件进行测量并修改刀具磨损值
N200 M03 S700;	主轴正转，转速为 700r/min
N210 T0202;	换 2 号盲孔车刀，导入 2 号刀补
N220 G00 X20.0 Z5.0;	快速到达内循环起刀点
N230 G71 U1.0 R0.5 P330 Q370 X-0.5 Z0.1 F0.15;	内径加工
N240 G40 G00 Z100.0;	刀具沿轴向快速退出
N250 X100.0;	刀具沿径向快速退出
N260 M05;	主轴停转
N270 M00;	程序暂停，对粗加工后的零件进行测量并修改刀具磨损值
N280 M03 S1500;	主轴正转，转速为 1500r/min
N290 T0202 F0.1;	换 2 号盲孔车刀，导入 2 号刀补
N300 G00 X20.0 Z5.0;	进刀
N310 G01 G41 X45.0598;	调用刀补
N320 Z0;	快速到达内循环起刀点
N330 G02 X33.01194 Z-54.0 R6.0;	精加工轮廓
N340 G01 X29.6 Z-23.0;	
N350 X28.5;	
N360 X25.05 Z-24.5;	
N370 Z-50.0;	
N380 X19.5;	X 方向退刀
N390 G00 Z100.0;	刀具沿轴向快速退出
N400 G40 X100.0;	刀具沿径向快速退出
N410 M05;	主轴停转
N420 M00;	程序暂停，对粗加工后的零件进行测量并修改刀具磨损值
N430 M03 S700;	主轴正转，转速为 700r/min
N440 T0303;	换 3 号切断刀，导入 3 号刀补
N450 X50.0 Z-50.0;	进刀
N460 G01 X42.0;	切槽

续表

程　序	注　释
N470 X46.0;	退刀
N480 Z-48.5;	进刀至倒角起点
N490 X43.0 Z-50.0;	倒角
N500 X25.0;	切断
N510 G00 X100.0	刀具沿径向快速退出
N520 Z100.0	刀具沿轴向快速退出
N530 M05;	主轴停转
N540 M30;	主程序结束并返回程序起点
左端轮廓程序	
%6017;	程序名
N10 G21 G40 G95;	指定转进给，米制单位，取消刀尖圆弧半径补偿
N20 M03 S800;	主轴正转，转速为 800r/min
N30 T0202;	换 2 号盲孔车刀，导入 2 号刀补
N40 M08;	切削液开
N50 G00 X30.5 Z-1.5;	快速定位至倒角点
N60 G01 X25.5 Z-1.5;	倒角
N70 Z-24.0;	
N80 G00 Z100;	刀具沿轴向快速退出
N90 X100.0;	刀具沿径向快速退出
N100 M05;	主轴停转
N110 M00;	程序暂停，对粗加工后的零件进行测量并修改刀具磨损值
N120 M03 S1000;	主轴正转，转速为 1000r/min
N130 T0404;	换 4 号内螺纹刀，导入 4 号刀补
N140 G00 X25.0 Z5.0;	快速到达内螺纹循环起刀点
N150 G76 C2.0 R-1.0 E-0.5 A60 X27.5 Z-25.0 I0 K0.93 U-0.05 V0.08 Q0.4 P0 F1.5;	内螺纹循环
N160 G00 Z100;	刀具沿轴向快速退出
N170 X100.0;	刀具沿径向快速退出
N180 M05;	主轴停转
N190 M30;	主程序结束并返回程序起点

6.2.2.4 实训总结

此例中零件可采用在一次安装中完成零件外轮廓及内轮廓的全部加工，检测合格后切下零件，调头用软卡爪夹持 ϕ46mm 外圆处，车端面并保证总长，再车倒角即可。实际生产中，应根据产品数量的多少，合理选择毛坯并正确地拟定其加工工艺路线。

6.2.3　盘类零件编程实训一

生产中，有一类零件是直径方向的尺寸比较大，而轴向（长度方向）尺寸较小，这类零件称为盘类零件。

6.2.3.1　实训案例

编制如图 6-5 所示零件的数车加工程序并加工，材料为 45 钢，毛坯直径为 75mm，长度为 32mm。

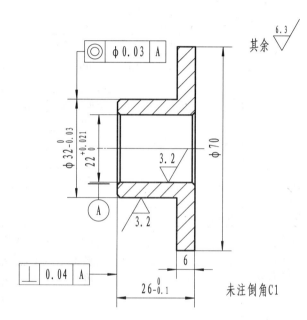

图 6-5　盘类零件编程图样 1

6.2.3.2  实训分析

从结构上看，该零件既为套类零件，也为盘类零件。重要的加工表面有 $\phi32$mm 外圆、$\phi22$mm 内孔以及左端面。由于这些表面间有同轴度和垂直度的要求，加工时可以采用以下 3 种方案进行加工。第 1 种方案是加工时在一次安装中完成 $\phi32$mm 外圆、$\phi22$mm 内孔以及左端面的加工，然后完成其余表面的加工；第 2 种方案是先完成 $\phi22$mm 内孔及左端面的加工，然后套心轴完成 $\phi32$mm 外圆的加工。第 3 种方案是若加工数量较多、毛坯较长，可以在一次安装中完成外轮廓、内轮廓以及左端面的全部加工，切下零件后调头车端面、倒角并保证总长即可。本案例采用第 3 种方案进行编程加工，只不过不用切断，调头后车端面保证总长即可。

6.2.3.3  实训操作

1. 数控加工工艺卡

数控车床加工工艺卡

零件图号			数控车床加工工艺卡片			设备型号	设备编号
零件名称		盘类零件1				CKA6140	02
	刀具表			量具表		工具表	
T01	93°外圆车刀		1	游标卡尺（0~150mm）		1	0.1mm厚铜皮
T02	通孔车刀		2	外径千分尺（25~50mm）		2	垫刀片若干
其他	中心钻，φ18mm麻花钻头		3	内径表（18~35mm）		3	常用车床辅具
序号	工艺内容			切削用量			
				主轴转速 （r/min）	进给速度 （mm/r）	背吃刀量 （mm）	
1	用三爪卡盘夹持毛坯外圆，伸出长度约23mm左右，找正后夹紧						
2	手动车左端面（Z向对刀）			700			
3	用φ18mm的钻头钻出通孔			400		9	
4	粗车外轮廓，留加工余量0.3mm			700	0.2	1.5	
5	精车外轮廓达尺寸要求			1200	0.05	0.3	
6	粗车内轮廓，留加工余量0.3mm			600	0.2	1.0	
7	精车内轮廓达图纸要求			1000	0.05	0.3	
8	调头夹φ32mm外圆处，找正并夹紧，手动车左端（Z向对刀），保证总长达要求			700			
9	车倒角			700	0.05		
10	工件精度检测						
编制		审核		批准		共 1 页　第 1 页	

2. 参考程序及说明

程　序	注　释
左端加工程序	
%6021;	程序名
N10 G21 G40 G95;	指定转进给，米制单位，取消刀尖圆弧半径补偿
N20 T0101;	换1号外圆车刀，导入1号刀补
N30 M03 S700;	主轴正转，转速为700r/min
N40 M08;	切削液开
N50 G00 X80.0 Z2.0;	快速到达循环起点
N60 G71 U1.5 R0.5 P80 Q110 X0.3 Z0 F0.2;	外径粗车循环，X向精车余量0.2mm，粗加工进给速度为0.2mm/r

续表

程　　序	注　　释
N70 G00 X30.0 S1200 F0.05;	精加工起点，设置精加工参数
N80 G01 Z0;	精加工轮廓描述
N90 X32.0 Z-1.0;	
N100 Z-20.0;	
N110 X75.0;	
N120 G00 X100.0 Z150.0;	刀具快速退回至换刀点
N130 M05;	主轴停转
N140 M00;	程序暂停，对零件进行检测
N150 M03 S600;	主轴正转，转速为 600r/min
N160 T0202;	换 2 号通孔车刀，导入 2 号刀补
N170 G00 X16.0 Z2.0;	快速定位到循环起刀点
N180 G71 U1.0 R0.5 P200 Q230 X-0.2 Z0 F0.2;	内孔粗车循环，X 向精车余量-0.2mm，粗加工进给速度为 0.2mm/r
N190 G00 X24.0 S1000 F0.05;	精加工轮廓起点，设置精加工参数
N200 G01 Z0;	精加工轮廓描述
N210 X22.0 Z-1.0;	
N220 Z-28.0;	
N230 X18.0;	
N240 G00 Z100;	刀具沿轴向快速退出
N250 X100.0;	刀具沿径向快速退出
N260 M30;	主程序结束并返回程序起点
工件调头后车端面及加工倒角程序	
%6022;	程序名
N10 G21 G40 G95;	指定转进给，米制单位，取消刀尖圆弧半径补偿
N20 T0101 M08;	换 1 号外圆车刀，导入 1 号刀补
N30 M03 S700;	主轴正转，转速为 700r/min
N40 G00 X80.0 Z0;	快速点定位
N50 G01 X20.0 F0.1;	车端面
N60 G00 X69.0 Z0.5;	定位至倒角起点
N70 G01 X70.0 Z-0.5;	车 C0.5 的倒角
N80 G00 X100.0 Z100.0;	刀具快速退回换刀点
N90 T0202;	换 2 号通孔车刀，导入 2 号刀补
N100 G00 X24.0 Z2.0;	快速接近工件
N110 G01 Z0;	工进至倒角起点
N120 X22.0 Z-1.0;	倒角 C1
N130 G00 Z150.0;	刀具沿轴向快速退出
N140 X100.0;	刀具沿径向快速退出
N100 M30;	主程序结束并返回程序起点

3．操作步骤

（1）开机，回参考点。

（2）装夹工件和刀具。

（3）试切法对刀，钻通孔。

（4）编写并输入加工程序，检查程序。

（5）单步加工无误后自动连续加工。

（6）测量，修改磨损值后加工。

（7）测量合格后卸下工件。

（8）工件调头安装，车端面达要求。

（9）测量合格后卸下工件。

（10）数控车床的维护、保养及场地的清扫。

6.2.3.4 实训总结

一般而言，盘类零件外圆的轴线与内孔的轴线有同轴度或径向圆跳动（全跳动）要求，端面与内孔的轴线有垂直度的要求。加工时，一定要正确拟定其加工工艺路线，彼此有形位精度要求的面应尽可能在一次安装中完成，不能在一次安装中完成的应采用套心轴或二次安装时对零件进行找正等方法，以确保零件的加工精度。

6.2.4 盘类零件编程实训二

6.2.4.1 实训案例

编制如图 6-6 所示零件的数车加工程序并加工。材料为铝合金，毛坯为直径 52mm、长度 55mm 的棒材。

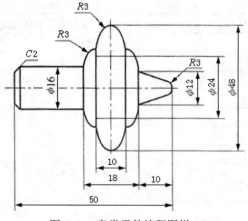

图 6-6　盘类零件编程图样 2

6.2.4.2  实训分析

此零件外形简单，没有几何公差要求，但从角度看，零件两端要求必须同轴，否则旋转会产生歪斜。为保证在进行数控加工时零件能装夹牢靠，先加工零件左轮廓，再调头夹持 $\phi16$mm 外圆加工零件右端轮廓。由于该零件的径向切削尺寸相差较大，应使用 G96 恒线速切削指令进行编程，以保证零件的表面粗糙度要求。

6.2.4.3  实训操作

1．数控加工工艺卡

数控车床加工工艺卡

零件图号		数控车床加工工艺卡片				设备型号	设备编号
零件名称	盘类零件2					CKA6140	02
刀具表			量具表			工具表	
T01	93°右偏外圆车刀	1	游标卡尺（0～150mm）		1	垫刀片若干	
T02	93°左偏端面车刀	2	外径千分尺（0～25mm）		2	常用车床辅具	
T03	端面刀	3	外径千分尺（25～50mm）		3	0.1mm厚铜皮	
序号	工艺内容			切削用量			
				主轴转速 （r/min）	进给速度 （mm/r）	背吃刀量 （mm）	
1	用三爪卡盘夹持毛坯外圆，伸出长度约60mm，找正后夹紧						
2	手动车左端面（Z向对刀）			150	0.2		
3	粗车左端外轮廓，留加工余量0.2mm			150	0.2	1.0	
4	精车左端外轮廓达尺寸要求			200	0.1	0.3	
5	工件调头后，用三爪卡盘夹持 $\phi16$mm外圆处，垫铜皮后找正并夹紧，手动车右端面（Z向对刀）			150	0.2	0.5	
6	粗车右端外轮廓，留加工余量0.2mm			150	0.2	1.5	
7	精车右端外轮廓达图纸要求			200	0.05	0.3	
8	车端面，保证总长			150	0.3	0.5	
9	工件精度检测						
编制		审核		批准		共 1 页　第 1 页	

2．坐标点计算

如图 6-7 所示，进行坐标点计算。

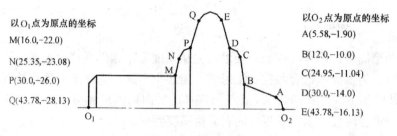

以 O_1 点为原点的坐标

M(16.0,−22.0)

N(25.35,−23.08)

P(30.0,−26.0)

Q(43.78,−28.13)

以 O_2 点为原点的坐标

A(5.58,−1.90)

B(12.0,−10.0)

C(24.95,−11.04)

D(30.0,−14.0)

E(43.78,−16.13)

图 6-7　坐标点计算

3. 参考程序及说明

程　　序	注　　释
三爪自定心卡盘夹持毛坯，车削左轮廓	
%6023;	程序名
N10 G95 G96 G21 G40;	指定转进给，米制单位，取消刀尖圆弧半径补偿，恒线速
N20 M03 S200;	主轴正转，转速为200r/min
N30 T0303 M08;	换3号端面车刀，导入3号刀补，切削液开
N40 G92 G00 X55.0 Z10.0;	定义坐标系，设置对刀点
N50 G01 Z0 F0.2;	快速接近工件
N60 X0;	车端面
N70 G00 X52.0 Z5.0;	快速到达循环起点
N80 T0101 S150;	换1号外圆车刀
N90 G71 U2.0 R1.0 P100 Q160 X0.3 Z0 F0.2;	外径粗车复合循环，加工路线为N100~N160，X向精车留量0.3mm，进给速度为0.2mm/r
N100 G42 G00 X12.0 S200;	
N110 G01 Z0 F0.1;	
N120 X16.0 Z−2.0;	
N130 X25.35 Z−23.08;	精加工轮廓描述
N140 G03 X30.0 Z−26.0 R3.0;	
N150 G01 Z−35.0;	
N160 G40 X52.0;	
N170 G00 X100.0;	刀具沿径向快速退出
N180 Z100.0;	刀具沿轴向快速退出
N19 M05;	主轴停转
N200 M30;	主程序结束并返回程序起点
三爪自定心卡盘夹持 ϕ16mm的外圆，车削右轮廓	
%6024;	程序名
N10 G95 G96 G21 G40;	指定转进给，米制单位，取消刀尖圆弧半径补偿，恒线速
N20 M03 S200;	主轴正转，转速为200mm/min
N30 T0303 M08;	换3号端面车刀，导入3号刀补，切削液开

续表

程　序	注　释
N40 G92 G00 X55.0 Z10.0;	定义坐标系，设置对刀点
N50 G00 X52.0 Z2.0;	快速到达循环起点
N60 G81 X0 Z1.0 F0.2;	车削端面，控制总长度
N70 X0 Z0;	
N80 G00 X55.0 Z10.0;	返回对刀点
N90 T0202 S150;	选择2号刀具（93°左偏端面车刀）
N100 G72 W1.5 R0.3 P110 Q190 Z0;	端面车削循环
N110 G41 G00 Z-19.0 S200;	右轮廓精加工程序
N120 G01 X48.0 F0.1;	
N130 G02 X24.95 Z-11.04 R3.0;	
N140 G01 X30.0 Z-14.0;	
N150 G02 X24.95 Z-11.04 R3.0;	
N160 G01 X12.0 Z-10.0;	
N170 X5.58 Z-1.9;	
N180 G02 X0 Z0 R3.0;	
N190 G01 G40 Z2.0;	
N200 G00 X100.0;	刀具沿径向快速退出
N210 Z100.0;	刀具沿轴向快速退出
N220 M05;	主轴停转
N230 M30;	主程序结束并返回程序起点

4．操作步骤

（1）开机，回参考点。

（2）装夹工件和刀具。

（3）试切法对刀。

（4）编写并输入加工程序，检查程序。

（5）单步加工无误后自动连续加工。

（6）测量，修改刀具磨损值后加工。

（7）检验，合格后切下工件。

（8）工件调头后车端面，检验合格后卸下工件。

（9）数控车床的维护、保养及场地的清扫。

6.2.4.4　实训总结

由于该零件右端的径向切削尺寸大于轴向切削尺寸，应采用 G72 端面车削复合指令进行编程；若零件的径向切削尺寸小于轴向切削尺寸，则应采用 G71 内（外）车削复合指令进行编程。

6.3　手柄类零件编程实训

手柄类零件的表面主要由圆柱面、圆锥面、顺时针圆弧、逆时针圆弧及螺纹组成，其加工顺序一般按由内向外、由粗到精、由近到远的原则确定，在一次装夹中尽可能加工出较多的工件表面。

6.3.1　实训案例

编制如图 6-8 所示手柄零件的数车加工程序并加工。材料为 45 钢，毛坯为 ϕ30mm 的圆棒料。

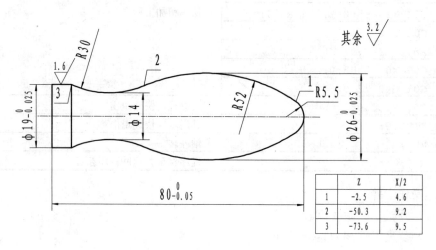

	Z	X/2
1	-2.5	4.6
2	-50.3	9.2
3	-73.6	9.5

图 6-8　手柄类零件编程图样

6.3.2 　实训分析

该零件是长手柄，可分 3 个工步来完成加工，即先粗车，然后精车，最后切断。加工时相对突出的问题是如何保证 ϕ26、ϕ19 和长度 80 的尺寸公差。由于零件轮廓从右向左不是单调增加的，所以适合用 G73 指令编程进行粗加工。当然，也可以采用调用子程序的方式编程进行加工。为了避免加工时产生干涉，要注意选择合理的加工刀具，即刀具应具有一定的副偏角。本例选用 35° 菱形可转位机夹刀。

6.3.3  实训操作

1. 数控加工工艺卡

数控车床加工工艺卡

零件图号		数控车床加工工艺卡片			设备型号	设备编号
零件名称	手柄类零件				CKA6140	01
刀具表		量具表			工具表	
T01	35°菱形可转位机夹刀	1	游标卡尺（0～150mm）		1	0.1mm厚铜皮
T02	切断刀（刀宽3mm）	2	外径千分尺（0～25mm）		2	垫刀片若干
		3	外径千分尺（25～50mm）		3	常用车床辅具

序号	工艺内容	切削用量		
		主轴转速（r/min）	进给速度（mm/r）	背吃刀量（mm）
1	用三爪卡盘夹持毛坯外圆，伸出长度约90mm，找正后夹紧			
2	手动车左端面(Z向对刀)	800		
3	粗车轮廓，留加工余量0.3mm	800	0.2	1.0
4	精车轮廓达尺寸要求	1200	0.05	0.3
5	切断	500	0.1	3
6	工件精度检测			
编制		审核		批准	共 1 页　第 1 页

2. 参考程序及说明

程　序	注　释
%6027;	程序名
N10 G21 G40 G95;	指定转进给，米制单位，取消刀尖圆弧半径补偿
N20 M03 S800;	主轴正转，转速为800r/min
N30 T0101;	换1号35°菱形可转位机夹刀，导入1号刀补
N40 M08;	切削液开
N50 G92 G00 X32.0 Z2.0;	定义坐标系，设置定位点
N60 G01 Z0 F0.2;	接近工件
N70 X-0.5;	车断面
N80 G00 X35.0 Z2.0;	快速到达循环起点
N90 G73 U14.0 W0 R6.0 P100 Q160 X0.3 Z0 F0.2;	闭合粗车复合循环
N100 G42 G01 X0 F0.1 S1200;	精加工轮廓起点，设置精加工参数
N110 Z0;	精加工轮廓描述
N120 G03 X9.2 Z-2.5 R5.5;	

续表

程　序	注　释
N130 G03 X18.4 Z-50.3 R52.0;	
N140 G02 X19.0 Z-73.6 R30.0;	
N150 Z-83.0;	
N160 X30.0;	
N190 G40 G00 X100.0 Z100.0;	快速回换刀点
N200 M05;	主轴停转
N210 M00;	程序暂停，对零件进行测量
N220 M03 S500;	主轴正转，转速为 500r/min
N2300 T0202;	换 2 号切断刀，导入 2 号刀补
N240 G00 X30.0 Z-82.975;	定位至切断位置
N250 G01 X-0.5 F0.1;	切断
N260 G00 X100.0;	刀具沿径向快速退出
N270 Z100.0;	刀具沿轴向快速退出
N280 M05;	主轴停止
N250 M30;	主程序结束并返回程序起点

3. 操作步骤

（1）开机，回参考点。

（2）装夹工件和刀具。

（3）试切法对刀。

（4）编写并输入加工程序，检查程序。

（5）单步加工无误后自动连续加工。

（6）测量，修改刀具磨损值后加工。

（7）检验，合格后切下工件。

（8）数控车床的维护、保养及场地的清扫。

6.3.1.4　实训总结

编程加工手柄类零件时，主要是要正确地计算其基点或节点的坐标。常用的基点计算方法有三角函数法、列方程求解法和计算机绘图求解法等。其中，列方程求解法和三角函数法是运用数学基础知识，采用手工计算的方法进行，通常用于简单直线和圆弧基点的计算，其计算过程较为复杂，容易出错。计算机绘图求解法是通过计算机及 CAD 软件，用绘图分析的方法来求解节点或基点，主要用于复杂轮廓的基点或非圆曲线的节点的求解。这种方法操作方便、分析精度高、出错几率小，但要求技术工人能熟练操作计算机及 CAD 软件。

6.4　螺纹类零件编程实训

数控车床上常用的螺纹车削方法主要有直进法、斜进法和交错切削法等几种。直进法就是车螺纹时，螺纹刀刀尖两侧刀刃都参与切削，每次进刀只作径向进给，随着螺纹深度的增加，进刀量相应减小，否则容易产生"扎刀"现象。这种切削方法可以得到比较正确的牙型，适用于螺距较小和脆性材料的螺纹车削。在华中系统数控车床上可采用 G82 指令来实现。斜进法就是车螺纹时，螺纹刀沿着牙型一侧平行的方向斜向进刀，直至牙深处。采用这种方法加工螺纹时，螺纹车刀始终只有一个侧刃参与切削，排屑比较顺利，刀尖的受力和受热情况有所改善，在车削中不易引起"扎刀"现象。在华中系统数控车床上可采用 G76 指令来实现。交错切削法就是车螺纹时，螺纹车刀分别沿着与左、右牙型一侧平行的方向交错进刀，直至牙底。这种车削方法也不易引起"扎刀"现象。在华中系统数控车床上可采用 G76 指令来实现。这几种加工方法各有特点，在加工过程中一定要注意合理选择。其次，加工内、外螺纹时，还应特别注意每次吃刀深度的合理选择，如果选择不当，很容易产生扎刀和崩刃等事故。

6.4.1　螺纹类零件编程实训一

6.4.1.1　实训案例

编制如图 6-9 所示零件的数车加工程序并加工。材料为 45 钢，毛坯直径为 45mm。

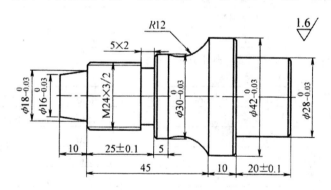

图 6-9　螺纹类零件编程图样 1

6.4.1.2　实训分析

此零件结构比较简单，但加工余量较多，因此使用 G71 指令加工轮廓。加工时需要调头两次装夹，第一次装夹零件时，采用三爪自定心卡盘装夹零件左端面，加工 $\phi28$mm、$\phi42$mm 圆柱面；第二次装夹零件时，用三爪自定心卡盘配软卡爪夹持零件右端 $\phi28$mm 的圆柱面，加工零件左轮廓、退刀槽和螺纹。

6.4.1.3 实训操作

1. 数控加工工艺卡

数控车床加工工艺卡

零件图号		数控车床加工工艺卡片			设备型号	设备编号
零件名称	螺纹类零件1				CKA6140	01

刀具表		量具表		工具表	
T01	93°外圆车刀，55°刀片	1	游标卡尺（0～150mm）	1	螺纹对刀样板
T02	93°外圆车刀，35°刀片	2	外径千分尺（0～25mm）	2	0.1mm厚铜皮
T03	外沟槽车刀（刀宽4mm）	3	外径千分尺（25～50mm）	3	垫刀片若干
T04	三角形外螺纹车刀（牙型角为60°）	4	螺纹环规（M24×2-6g）	4	常用车床辅具
		5	百分表及磁力表座		

序号	工艺内容	切削用量		
		主轴转速（r/min）	进给速度（mm/r）	背吃刀量（mm）
1	用三爪卡盘夹持毛坯外圆，伸出长度约90mm，找正后夹紧			
2	手动车左端面（Z向对刀）	700		
3	粗车左端外轮廓，留加工余量0.3mm	800	0.2	1.0
4	精车左端外轮廓达尺寸要求	1500	0.1	0.3
5	调头夹φ28mm外圆，垫铜皮，找正并夹紧，手动车右端，保证总长（Z向对刀）	700	0.2	0.5
6	粗车右端外轮廓，留加工余量0.3mm	800	0.2	1.0
7	精车右端外轮廓达尺寸要求	1500	0.05	0.3
8	车退刀槽	400	0.1	刀宽
9	车外螺纹达要求	600	3	分层切削
10	工件精度检测			

编制		审核		批准		共 1 页 第 1 页

2. 相关计算

螺纹总切深

$$h=0.6495P=0.6495×1.5mm≈0.975mm$$

3. 确定背吃刀量的分布

背吃刀量的分布为 0.8mm、0.6mm、0.4mm、0.16mm。

4. 参考程序及说明

程　　序	注　　释
左端加工程序	
%6130;	程序名
N10 G21 G40 G95;	指定转进给，米制单位，取消刀尖圆弧半径补偿
N20 M03 S800;	主轴正转，转速为 800r/min
N30 T0101;	换 1 号外圆车刀，导入 1 号刀补
N40 M08;	切削液开
N50 G00 X52.0 Z0.0;	快速到达起刀点
N60 G01 X-1.0 F0.1;	车削端面
N70 G00 X46.0 Z2.0;	快速到达循环起点
N80 G71 U2.0 R1.0 P90 Q150 X0.5 ZO F0.2;	外径粗车复合循环，加工路线为 N90～N150，X 向精车余量 0.5mm，Z 向无精加工余量，粗加工进给速度为 0.2mm/r
N90 G00 X22.0 S1500 F0.1;	精加工外轮廓
N100 G01 X28.0 Z-1.0;	
N110 Z-20.0;	
N120 X40.0;	
N130 X42.0 Z-21.0;	
N140 Z-40.0;	
N150 X45.0;	
N160 G00 X100.0 Z100.0;	快速回换刀点
N170 M05;	主轴停止
N170 M30;	主程序结束并返回程序起点
右端加工程序	
%6132;	程序名
N10 G21 G40 G95;	指定转进给，米制单位，取消刀尖圆弧半径补偿
N20 T0202;	换 2 号外圆车刀，导入 2 号刀补
N30 M03 S800;	主轴正转，转速为 800r/min
N40 M08;	切削液开
N50 G00 X50.0 Z0;	快速到达起刀点
N60 G01 X-1.0 F0.1;	车削端面
N70 G00 X46.0 Z2.0;	快速到达循环起点
N80 G73 U17.0 W0 R10.0 P90 Q180 X0.5 WO F0.2;	闭合车削循环
N90 G42 G00 X12.0;	精加工外轮廓
N100 G01 X18.0 Z-10.0 F0.1 S1000;	
N110 X22.0;	
N120 X23.8 W-1.0;	

续表

程　序	注　释
N130 Z-35.0;	
N140 X28.0;	
N150 X30.0 W-1.0;	
N160 Z-40.0;	
N170 G02 X42.0 Z-55.0 R12.0;	
N180 G01 X45.0;	
N190 G00 X100.0 Z150.0;	快速回换刀点
N200 M05;	主轴停转
N210 M00;	程序暂停，测量工件
N220 T0303;	换 3 号切槽刀，导入 3 号刀补
N230 S400;	主轴变速，转速为 400r/min
N240 G00 X32.0 Z-33.0;	快速定位
N230 G01 X20.5 F0.1;	
N240 X32.0;	
N250 Z-35.0;	车槽加工
N260 X20.0;	
N270 Z-33.0;	
N280 X32.0;	
N290 G00 X100.0 Z100.0;	快速回换刀点
N300 M05;	主轴停转
N310 M00;	程序暂停，测量工件
N320 T0404;	换 4 号螺纹车刀，导入 4 号刀补
N330 M03 S600;	主轴变速，转速为 600r/min
N340 G00 X30.0 Z-7.0;	快速点定位
N350 G82 X23.2 Z-33.0 C2.0 P180 F3;	
N360 X22.6 Z-33.0 C2.0 P180 F3;	调用螺纹固定循环 G82 车螺纹
N370 X22.2 Z-33.0 C2.0 P180 F3;	
N380 X20.04 Z-33.0 C2.0 P180 F3;	
N390 G00 X100.0;	刀具沿径向快速退出
N400 Z100.0;	刀具沿轴向快速退出
N410 M05 M09;	主轴停转，切削液关
N420 M30;	主程序结束并返回程序起点

5．操作步骤

（1）开机，回参考点。

（2）装夹工件和刀具。

（3）试切法对刀。

（4）编写并输入左端加工程序，检查程序。

（5）单步加工无误后自动连续加工。

（6）测量，修改磨损值后加工。

（7）测量合格后卸下工件。

（8）工件调头安装，按步骤（3）～（7）进行操作，加工右端达要求。

（9）测量合格后卸下工件。

（10）数控车床的维护、保养及场地的清扫。

6.4.1.4　实训总结

螺纹类零件加工时一般需要调头，零件调头后一定要进行认真的找正。夹持已加工过的表面时应尽可能采用软卡爪，若不具备条件，也可以垫铜皮夹持，以免夹伤零件的表面而影响使用。

6.4.2　螺纹类零件编程实训二

6.4.2.1　实训案例

编制如图 6-10 所示零件的数车加工程序。材料为 45 钢，毛坯尺寸为 $\phi60\times84$mm。

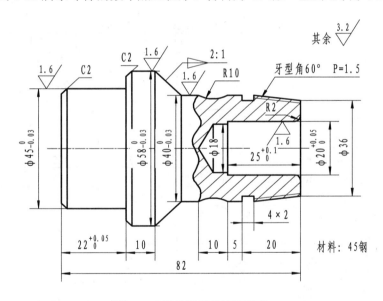

图 6-10　螺纹类零件编程图样 2

6.4.2.2　实训分析

此零件结构相对复杂，需要进行调头加工。加工时先加工左端，然后调头加工右端。左端轮廓用 G71 指令编程进行粗加工，然后通过修改吃刀量进行精加工；右端外轮廓用

G71 指令编程进行粗加工，然后通过修改吃刀量进行精加工；退刀槽用 G01 指令编程加工；锥螺纹用螺纹切削复合循环指令 G76 编程加工。加工内轮廓时，先用 ϕ18mm 的钻头钻出底孔，然后用 G71 指令编程进行内孔加工。由于工件的右端有部分凹轮廓，为了避免加工时产生干涉，要注意选择合理的加工刀具，即刀具应具有一定的副偏角。加工右端内轮廓时应选择盲孔车刀。

6.4.2.3  实训操作

1. 数控加工工艺卡

数控车床加工工艺卡

零件图号			数控车床加工工艺卡片		设备型号	设备编号
零件名称	螺纹类零件2				CKA6140	02
刀具表			量具表		工具表	
T01	93°外圆车刀	1	游标卡尺（0～150mm）		1	螺纹对刀样板
T02	外沟槽车刀（刀宽4mm）	2	外径千分尺（25～50mm）		2	薄铜皮
T03	三角形外螺纹车刀（牙型角为60°）	3	外径千分尺（50～75mm）		3	垫刀片若干
T04	盲孔车刀	4	内径百分表（18～35mm）		4	常用车床辅具
其他	ϕ18mm麻花钻头	5	百分表及磁力表座			

序号	工艺内容	切削用量		
		主轴转速（r/min）	进给速度（mm/r）	背吃刀量（mm）
1	用三爪自定心卡盘夹持毛坯外圆，伸出长度约45mm，找正后夹紧			
2	手动车左端面（Z向对刀）	700	0.2	0.5
3	粗车左端外轮廓，留加工余量0.3mm	700	0.2	1.5
4	精车左端外轮廓达图纸要求	1200	0.05	0.3
5	调头夹ϕ45mm外圆，找正并夹紧，手动车右端面（Z向对刀）	700	0.2	0.5
6	用ϕ18mm的钻头钻出底孔	400		18
7	粗车右端外轮廓，留加工余量0.3mm	700	0.2	1.5
8	精车右端外轮廓达图纸要求	1200	0.05	0.3
9	车退刀槽	500	0.15	刀宽
10	车螺纹达要求	600	2	单侧刃进刀
11	粗车右端内轮廓，留加工余量0.3mm	600	0.2	1.0
12	精车右端内轮廓达图纸要求	1000	0.05	0.3
13	工件精度检测			
编制		审核		批准		共 1 页　第 1 页

2．相关计算

螺纹总切深

$$h=0.6495P=0.6495\times2mm\approx1.3mm$$

3．参考程序及说明

程　　序	注　　释
左端加工程序	
%6133;	程序名
N10 G21 G40 G95;	指定转进给，米制单位，取消刀尖圆弧半径补偿
N20 T0101;	换 1 号外圆车刀，导入 1 号刀补
N30 M03 S700;	主轴正转，转速为 700r/min
N40 M08;	切削液开
N50 G00 X65.0 Z2.0;	快速到达循环起点
N60 G71 U1.5 R0.5 P70 Q140 X0.3 Z0.0 F0.2;	外圆粗车循环，加工路线为 N70～N140,X 向精车余量 0.3mm，粗加工进给速度为 0.2mm/r
N70 G01 X41.0 S1200 F0.05;	精加工轮廓起点，设置精加工参数
N80 Z0;	
N90 X45.0 Z-2.0;	
N100 Z-22.0;	
N110 X54.0;	精加工轮廓
N120 X58.0 Z-24.0;	
N130 Z-40.0;	
N140 X62.0;	
N150 G00 X100.0 Z100.0;	快速退刀至换刀点
N160 M05 M09;	主轴停转，切削液关
N170 M30;	主程序结束并返回程序起点
右端加工程序	
%6133;	程序名
N10 G21 G40 G99;	指定转进给，米制单位，取消刀尖圆弧半径补偿
N20 T0101;	换 1 号外圆车刀，导入 1 号刀补
N30 M03 S700;	主轴正转，转速为 700r/mm
N40 M08;	切削液开
N50 G00 X62.0 Z2.0;	快速到达循环起点
N60 G71 U1.5 R0.5 P70 Q140 X0.3 Z0.0 F0.2;	外圆粗车循环，加工路线为 N70～N140,X 向精车余量 0.3mm，粗加工进给速度为 0.2mm/r
N70 GOO X35.8 S1200 F0.1;	精加工轮廓起点，设置精加工参数
N80 G01 Z0;	
N90 X40.0 Z-16.8;	精加工轮廓
N100 Z-25.0;	

续表

程　序	注　释
N110 G02 X40.0 Z-35.0 R10.0;	
N120 G01 Z-41.0;	
N130 X58.0 Z-50.0;	
N140 X62.0;	
N150 G00 X100.0 Z100.0;	刀具快速退至换刀点
N160 M05	主轴停转
N170 M00	程序暂停，测量工件
N180 T0202 S500;	换 2 号切槽刀，主轴变速
N190 G00 X42.0 Z-20.0;	快速定位至切槽起刀点
N200 G01 X36.0 F0.1;	车槽
N210 X42.0;	
N220 G00 X100.0 Z100.0;	刀具快速退至换刀点
N230 M05	主轴停转
N240 M00	程序暂停，测量工件
N250 T0303;	调用 3 号外螺纹车刀，导入 3 号刀补
N260 S600;	主轴变速，转速为 600r/min
N270 G00 X38.0 Z2.0;	快速定位至螺纹循环起点
N280 G76 C2.0 R5.0 A60.0 X38.65 Z-18.0 I-2.5 K0.975 U0.05 V0.05 Q0.4 F1.5;	注意锥螺纹起点和终点坐标与锥角的联系
N290 G00 X100.0 Z100.0;	刀具快速退至换刀点
N300 M05	主轴停转
N310 M00	程序暂停，测量工件
N320 T0404;	换 4 号盲孔车刀
N330 S600;	主轴转速为 600r/min
N340 G00 X16.0 Z2.0;	快速定位至内孔循环起刀点
N350 G71 U1.0 R0.5 P360 Q400 X-0.2 Z0.0 F0.2;	外径粗车循环，加工路线为 N360～N400，X 向精车余量 -0.2mm，粗加工进给速度为 0.2mm/r
N360 G00 X24.0 S1000 F0.1;	精加工轮廓起点，设置精加工参数
N370 G01 Z0;	精加工轮廓描述
N380 G02 X20.0 Z-2.0 R2.0;	
N390 G01 Z-25.0;	
N400 X16.0;	
N410 G00 Z100.0;	刀具快速沿轴向退出
N420 X150.0;	刀具快速沿径向退出
N430 M05 M09;	主轴停转，切削液关
N440 M30;	主程序结束并返回程序起点

4．操作步骤

（1）开机，回参考点。

（2）装夹工件和刀具。

（3）试切法对刀。

（4）编写并输入左端加工程序，检查程序。

（5）单步加工无误后自动连续加工。

（6）测量，修改磨损值后加工。

（7）测量合格后卸下工件。

（8）工件调头安装，按步骤（3）～（7）进行操作，加工右端达要求。

（9）测量合格后卸下工件。

（10）数控车床的维护、保养及场地的清扫。

6.4.2.4　实训总结

本例工件的右端有凹弧，对于这部分内凹轮廓，既要注意选择合理的加工指令，又要注意选择合理的加工刀具，即刀具应具有一定的副偏角。当采用 G71 指令加工时，其内凹轮廓在粗加工时不加工，而在半精加工过程中一次性进行切削，容易产生事故。本例工件的内凹量较小，因此这部分内凹轮廓也采用 G71 指令来进行加工。当然，工件的右端外轮廓也可以用 G73 指令来进行加工，但切削效率较低。实际生产可根据工件的具体情况灵活选用。

6.5　组合件编程实训

6.5.1　实训案例

编制如图 6-11 所示零件的数车加工程序并加工。材料为 45 钢，毛坯尺寸为 $\phi 50 \times 85$mm 和 $\phi 50 \times 65$mm。零件加工结束后组合达图 6-12 所示要求。

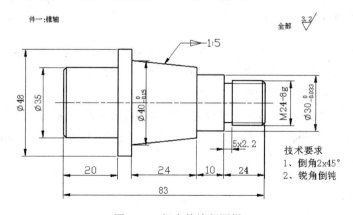

图 6-11　组合件编程图样

件三：螺母   全部 $\sqrt{3.2}$

件二：锥套 $2\times45°$ 全部 $\sqrt{3.2}$

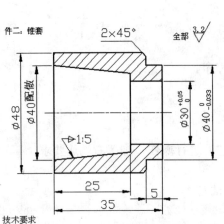

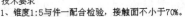

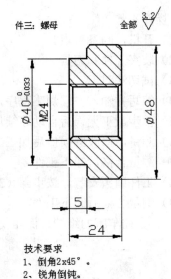

技术要求
1、锥度1:5与件一配合检验，接触面不小于70%。
2、锐角倒钝。

技术要求
1、倒角2×45°。
2、锐角倒钝。

图 6-11   组合件编程图样（续）

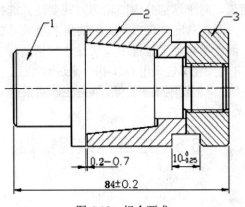

图 6-12   组合要求

6.5.2   实训分析

本例是一个 3 件组合件，3 件均采用分开加工方式进行加工，加工完成后要达到相应的配合要求。工件组合后，应保证组合尺寸精度：组合工件总长 84 ± 0.2mm、槽宽 $10_{-0.25}^{0}$ mm、锥面接触面积大于 70%且端面间隙 0.2～0.7mm，螺纹配合松紧适中，组合后的槽底平直。为保证以上各配合精度，除严格保证单件各项尺寸精度外，还需保证单件零件的形位精度，如垂直度和跳动量等。虽然在图纸上没有具体标注，但仍需控制在 0.03mm 以内，否则难以达到配合精度。

6.5.3　实训操作

1．数控加工工艺卡

数控车床加工工艺卡

零件图号			数控车床加工工艺卡片		设备型号	设备编号
零件名称	组合件零件				CKA6140	02
刀具表			量具表		工具表	
T01	93°外圆车刀	1	游标卡尺（0～150mm）		1	螺纹对刀样板
T02	盲孔车刀	2	外径千分尺（25～50mm）		2	薄铜皮
T03	三角形内螺纹车刀（牙型角为60°）	3	（M24-8g）螺纹塞规		3	垫刀片若干
T04	外沟槽车刀（刀宽3mm）	4	内径百分表（18～35mm）		4	常用车床辅具
T05	三角形外螺纹车刀（牙型角为60°）	5	钢板尺（0～300mm）		5	计算器（具有函数功能）
其他	ϕ18mm钻头	6	万能角度尺（0°～320°）			

序号	工艺内容	切削用量		
		主轴转速（r/min）	进给速度（mm/r）	背吃刀量（mm）
1	用ϕ50mm的棒料锯切下料长65mm和85mm各一件			
2	用三爪自定心卡盘夹持（件三）毛坯外圆，伸出长度约45mm，找正后夹紧			
3	手动车左端面（Z向对刀）	600	0.2	
4	手动钻ϕ18mm通孔	500	0.5	9
5	加工（件二）ϕ48mm外圆达要求	600	0.2	1.5
6	粗加工（件二）内轮廓，留加工余量0.3mm	600	0.3	1
7	精加工（件二）内轮廓达要求	1000	0.05	
8	调头夹持（件二）ϕ48mm外圆约25mm处，找正后夹紧			
9	粗加工（件三）左端外轮廓，留加工余量0.3mm	600	0.3	1.5
10	精加工（件三）左端外轮廓达要求	1200	0.05	0.3
11	加工（件三）内轮廓达要求	600	0.2	
12	车内螺纹达要求	500	3	单侧刃进刀
13	切下（件三），总长为24.5mm	500	2	3
14	不拆除工件，继续加工（件二）右端外轮廓达要求，车端面并保证总长	800	0.1	0.3
15	（件三）调头车端面，保证总长并倒角	800	0.1	0.5
16	夹持（件一）毛坯外圆，伸出长度约50mm，找正后夹紧			

续表

17	试切法对刀	600	0.3	
18	粗加工（件一）左端轮廓，留加工余量0.3mm	600	0.3	1.5
19	精加工（件一）左端轮廓达图样要求	1000	0.05	0.3
20	调头安装，手动车端面，保证总长并对刀	600	0.1	
21	粗加工（件一）右端轮廓，留加工余量0.3mm	600	0.3	1.5
22	精加工（件一）右端达要求	1000	0.05	0.3
23	车退刀槽	500	0.1	3
24	车螺纹达要求	500	3	单侧刃进刀
25	工件精度检测			
编制		审核		批准	共 1 页　第 1 页

2. 参考程序及说明

程　序	注　释
件二左端加工程序	
%6041;	程序名
N10 G21 G40 G95;	程序初始化
N20 T0101;	换1号外圆车刀，导入1号刀补
N30 M03 S600;	主轴正转，转速为600r/min
N40 M08;	切削液开
N50 G00 X60.0 Z5.0;	定位
N60 X48.5 Z2.0;	
N70 G01 Z-37.0 F0.3;	粗车外圆
N80 G00 X52.0 Z2.0;	退刀
N90 X48.0;	进刀
N100 M03 S1000;	主轴提速，转速为1000r/min
N110 G01 Z-37.0 F0.05;	精车 ϕ48mm 外圆
N120 G00 X100.0 Z150.0;	快速退回换刀点
N130 T0202 S500;	换2号盲孔车刀，导入2号刀补
N140 G00 X30.0 Z5.0;	快速接近工件
N150 X18.0 Z2.0;	定位至循环起点
N160 G71 U1.0 R0.5 P180 Q230 X-0.3 W0 F0.2;	内外径粗车复合循环，设置加工参数
N170 G00 X39.95 S1000 F0.05;	精加工参数设置
N180 G01 Z0;	
N190 X34.95 Z-25.0;	
N200 X30.0;	精加工轮廓描述
N210 Z-38.0;	
N220 X18.0;	
N240 G00 Z150.0;	刀具沿轴向快速退出

续表

程　序	注　释
N250 X100.0;	刀具沿径向快速退出
N260 M05;	主轴停止
N270 M30;	主程序结束并返回程序起点
件三左端加工程序	
%6042;	程序名
N10 G21 G40 G95;	程序初始化
N20 T0101;	换 1 号外圆车刀，导入 1 号刀补
N30 M03 S600;	主轴正转，转速为 600r/min
N40 M08;	切削液开
N50 G00 X55.0 Z5.0;	快速到达循环起点
N60 G71 U1.5 R0.5 P80 Q120 X0.3 Z0 F0.3;	外径粗车循环，加工路线为 N80～N120，X 向精车余量 0.3mm，粗加工进给速度为 0.3mm/r
N70 G00 X40.0 S1000 F0.05;	精加工轮廓起点，精加工参数设置
N80 G01 Z-5.0;	
N90 X44.0;	
N100 X48.0 Z-7.0;	精加工轮廓描述
N110 Z-30.0;	
N120 X50.0;	
N130 G00 X100.0 Z150.0;	刀具快速退至换刀点
N140 M05;	主轴停止
N150 M00;	程序暂停
N160 T0202 S500;	换 2 号盲孔车刀，导入 2 号刀补
N170 G00 X18.0 Z3.0;	快速定位至循环起点
N180 G71 U1.0 R0.5 P190 Q230 X-0.3 Z0 F0.2;	外径粗车循环，X 向精车余量-0.3mm，粗加工进给速度为 0.2mm/r
N190 G00 X25.0 S800 F0.1;	精加工参数设置
N200 G01 Z0;	
N210 X21.2 Z-2.0;	
N220 Z-30.0;	精加工轮廓描述
N230 X18.0;	
N250 G00 X100.0 Z150.0;	刀具快速退至换刀点
N260 M05;	主轴停转
N270 M00;	程序暂停
N280 T0303 S500;	换 3 号内螺纹车刀，导入 3 号刀补
N290 G00 X20.0 Z5.0;	快速定位至螺纹切削循环切点
N300 G76 C2.0 R5.0 A60 X24.0 Z-26.0 I0 K1.5 U-0.05 V0.05 Q0.4 F3.0;	调用复合循环指令 G76 车螺纹，设置加工参数
N310 G00 Z100.0;	刀具沿轴向快速退出

续表

程 序	注 释
N320 X150.0;	刀具沿径向快速退出
N330 M05;	主轴停止
N280 M30;	主程序结束并返回程序起点
件二右端加工程序	
%6044;	程序名
N10 G21 G40 G95;	程序初始化
N20 T0101;	换 1 号外圆车刀，导入 1 号刀补
N30 M03 S600;	主轴正转，转速为 600r/min
N40 M08;	切削液开
N50 G00 X55.0 Z5.0;	快速到达循环起点
N60 G71 U1.5 R0.5 P80 Q130 X0.3 Z0 F0.3;	外径粗车循环，X 向精车余量 0.3mm，粗加工进给速度为 0.3mm/r
N70 G00 X40.0 S1000 F0.05;	精加工轮廓起点，精加工参数设置
N80 G01 Z-5.0;	
N90 X44.0;	
N100 X48.0 Z-7.0;	精加工轮廓描述
N110 Z-30.0;	
N120 X50.0;	
N130 G00 X100.0 Z150.0;	刀具快速退至换刀点
N140 M05;	主轴停止
N150 M00;	程序暂停
N160 T0202;	换 2 号盲孔车刀，导入 2 号刀补
N170 G00 X30.2 Z3.0;	快速接近工件
N180 G01 Z0 F0.1;	工进至倒角起点
N190 X30.0 Z-0.1;	倒角
N200 G00 Z10.0;	退刀
N210 X100.0 Z150.0;	退刀至换刀点
N220 M05;	主轴停止
N230 M30;	主程序结束并返回程序起点
件一左端加工程序	
%6045;	程序名
N10 G21 G40 G95;	编程初始化
N20 M03 S700;	主轴正转，转速为 700r/min
N30 T0101;	换 1 号外圆车刀，导入 1 号刀补
N40 M08;	切削液开
N50 G00 X52.0 Z2.0;	快速到达循环起点
N60 G71 U1.0 R0.5 P80 Q150 X0.3 Z0 F0.2;	外径粗车复合循环，加工路线为 N80～N150，X 向精车余量 0.3mm，粗加工进给速度为 0.2mm/r

续表

程 序	注 释
N80 G01 X31.0 F0.05 S1200;	精加工轮廓起点，精加工参数设置
N90 Z0;	
N100 X35.0 Z-2.0;	
N110 Z-20.0;	
N120 X47.8;	精加工轮廓描述
N130 X48.0 Z-20.1;	
N140 Z-30;	
N150 X52.0;	
N160 G00 X100.0 Z150.0;	快速回换刀点
N170 M05;	主轴停转
N180 M09;	切削液关
N200 M30;	主程序结束并返回程序起点

件一右端加工程序

程 序	注 释
%6046;	程序名
N10 G21 G40 G95;	编程初始化
N20 T0101;	换 1 号外圆车刀，导入 1 号刀补
N30 M03 S800;	主轴正转，转速为 800r/min
N40 M08;	切削液开
N50 G00 X52.0 Z2.0;	快速到达循环起点
N60 G71 U1.0 R0.5 P70 Q180 X0.3 Z0 F0.2;	外径粗加工循环，加工路线为 N70～N180，X 向精车余量 0.3mm，Z 向无精加工留量，粗加工进给速度为 0.2mm/r
N70 G00 X19.8 F0.1 S1000;	精加工轮廓起点，设定精加工参数
N80 G01 Z0;	
N90 X23.8 Z-2.0;	
N100 Z-24.0;	
N110 X29.8;	
N120 X30.0 Z-24.1;	
N130 Z-34.0;	精加工轮廓描述
N140 X35.15;	
N150 X39.95 Z-58.0;	
N160 X47.7;	
N170 X48.0 Z-58.1;	
N180 X52.0;	
N190 G00 X100.0 Z150.0;	快速回换刀点
N200 M05;	主轴停转
N210 M00;	程序暂停
N220 T0404;	换 4 号切槽刀，导入 4 号刀补
N230 S500;	主轴变速，转速为 500r/min

续表

程　　序	注　　释
N240 G00 X30.0 Z-22.0;	快速定位
N250 G01 X19.6 F0.1;	车槽进给
N260 X30.0;	退刀
N270 Z-24.0;	定位
N280 X19.6;	车槽进给
N290 X30.0;	退刀
N300 G00 X100.0 Z150.0;	快速回换刀点
N310 M05;	主轴停转
N320 M00;	程序暂停
N330 T0505;	换 5 号外螺纹车刀，导入 5 号刀补
N340 G00 X26.0 Z5.0;	快速点定位
N350 G76 C2.0 R5.0 A60.0 X20.4 Z-21.0 I0 K1.8 U0.05 V0.05 Q0.4 F3.0;	调用复合循环指令 G76 车螺纹，设置加工参数
N360 G00 X100.0;	刀具沿径向快速退出
N370 Z150.0;	刀具沿轴向快速退出
N380 M05 M09;	主轴停转，切削液关
N390 M30;	主程序结束并返回程序起点

3．操作步骤

（1）开机，回参考点。

（2）装夹工件和刀具。

（3）试切法对刀。

（4）编写并输入加工程序，检查程序。

（5）单步加工无误后自动连续加工。

（6）测量，修改刀具磨损值后加工。

（7）检验，合格后卸下工件。

（8）按步骤（3）～（7）进行操作，完成各零件的加工。

（9）数控车床的维护、保养及场地的清扫。

6.5.4　实训总结

对于配合工件，通常情况下先加工较小的零件，再加工较大的零件，以便在加工过程中及时进行试配。在试配时，一定要在零件不拆除的情况下进行，否则即使试配不合格也可能无法进行修整。本例先加工件二和件三，最后加工件一，件二和件三加工时要严格按工艺进行，否则将加大加工难度。

第7章 华中HNC-21T系统仿真操作

数控仿真系统是结合机床厂家实际加工制造经验与高校教学训练一体化所开发的一种机床控制虚拟仿真系统软件。所谓数控仿真，就是采用计算机图形学的手段对加工走刀和零件切削过程进行模拟，具有快速、仿真度高、成本低等优点。它在描绘加工路线的同时，还能提供错误信息的反馈，从而大大降低了废品的产生和误操作，同时保护了人身与设备安全，因此，数控加工仿真软件目前在许多院校、企业得到了广泛应用。

 本章要点

- 📖 数控仿真软件的安装与启动
- 📖 华中 HNC-21T 数控系统界面介绍
- 📖 数控加工仿真软件的操作方法

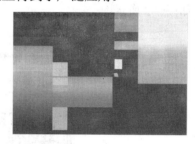

7.1 数控仿真软件的安装与启动

7.1.1  安装与启动概述

本节以上海宇龙软件工程有限公司的数控加工仿真软件为例，讲解数控仿真软件的安装与启动方法，在后面的章节中也会以该软件的操作界面为依据，对机床操作的各部分功能进行详细介绍。

7.1.2 相关知识

7.1.2.1 仿真软件的安装过程

仿真软件的安装步骤如下：

（1）在计算机光驱中放入数控仿真软件光盘。

（2）双击计算机 DVD 驱动器图标，打开驱动器内的安装文件。

（3）在文件夹目录中双击 ，此时，系统会弹出如图 7-1 所示的"欢迎"对话框。

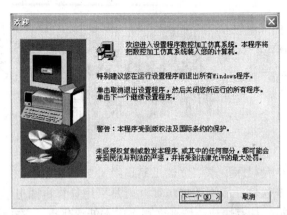

图 7-1 "欢迎"对话框

（4）在"欢迎"对话框中单击"下一个"按钮，系统将弹出"软件许可证协议"对话框，如图 7-2 所示。

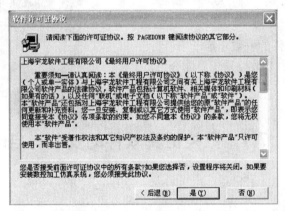

图 7-2 "软件许可证协议"对话框

（5）单击"是"按钮，系统自动弹出"选择目标位置"对话框，选择安装目标文件夹所在的位置（一般默认盘符是 C：盘，但是，最好将目标文件夹设在 C：盘以外的盘符），如图 7-3 所示。

图 7-3 选择安装位置

（6）单击"下一个"按钮，系统将弹出"设置类型"对话框，在其中选择需要的设置类型，如图 7-4 所示。

图 7-4　"设置类型"对话框

（7）单击"下一个"按钮，系统将弹出"选择程序文件夹"对话框，如图 7-5 所示。

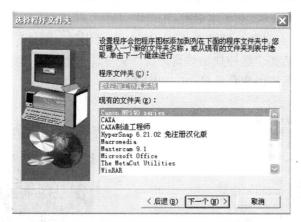

图 7-5　"选择程序文件夹"对话框

（8）单击"下一个"按钮，会弹出软件安装界面，如图 7-6 所示。

图 7-6　软件安装界面

（9）当安装结束后，系统窗口会自动弹出"设置完成"界面，如图 7-7 所示，单击"结束"按钮完成安装过程。

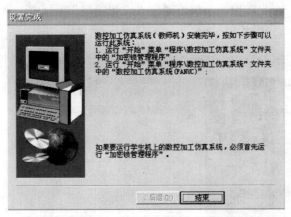

图 7-7 "设置完成"界面

7.1.2.2 仿真软件的启动方法

仿真软件的启动方法如下:

（1）单击"开始"按钮，依次选择"程序"→"数控加工仿真系统"→"加密锁管理程序"命令，如图 7-8 所示。

（2）加密锁程序启动后，屏幕右下方工具栏中会出现☎图标，此时重复上步操作，在最后弹出的菜单中选择"数控加工仿真系统"命令，也可以双击桌面的快捷图标，系统将弹出数控加工仿真系统用户登录界面，如图 7-9 所示。

图 7-8 进入"加密锁管理程序"

图 7-9 "用户登录"界面

（3）在用户登录界面中单击"快速登录"按钮，进入数控加工仿真系统，如图 7-10 所示是系统的默认界面（注：网络版软件的加密锁程序在服务器上运行，其余点位只需直接进入第二步操作即可进入）。

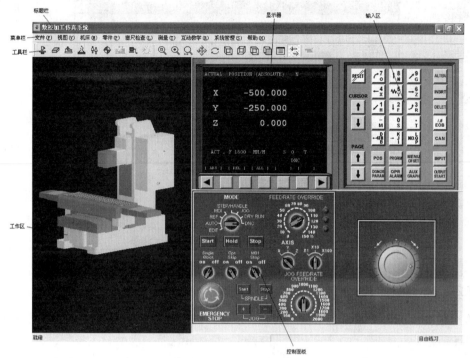

图 7-10　系统默认界面

7.2　华中 HNC-21T 系统界面介绍

7.2.1　界面介绍概述

本节详细介绍华中 HNC-21T 数控系统界面各功能区域及各功能按键的作用,为后续讲解操作方法奠定基础。

7.2.2　相关知识

7.2.2.1　选择机床类型

选择"机床"→"选择机床"菜单命令(或者单击工具条中的图标 ），系统将弹出"选择机床"对话框。在"选择机床"对话框中,先在"控制系统"栏中选中"华中数控"单选按钮,然后在"机床类型"栏中选中"车床"单选按钮,接着选择"标准（斜床身后置刀架）"选项,全部选择完成后,单击"确定"按钮,如图 7-11 所示。

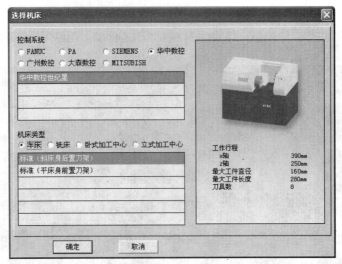

图 7-11　选择机床类型

7.2.2.2　华中 HNC-21T 系统面板介绍

在"选择机床"对话框中单击"确定"按钮后进入的界面如图 7-12 所示，各区域功能如表 7-1 所示。

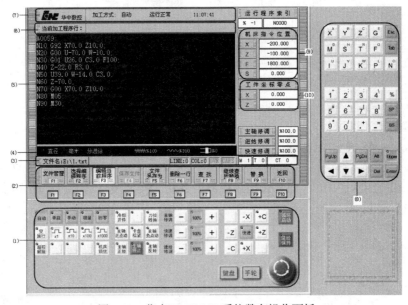

图 7-12　华中 HNC-21T 系统数车操作面板

表 7-1　华中 HNC-21T 系统数车操作面板各区域功能

区域序号	序 号 名 称	功　能
（1）	控制面板	控制机床各种运动方式，如自动、单段和循环启动等
（2）	菜单命令条	可通过 F1～F10 来完成系统功能的调用
（3）	系统当前文件名	显示系统当前文件名、路径和光标所在行等

续表

区域序号	序 号 名 称	功　　能
（4）	系统当前状态信息	指示系统当前状态为直径/半径、公制/英制、分进给/转进给、快速修调倍率、进给修调倍率、主轴修调倍率
（5）	程序显示窗口	可显示程序、刀具轨迹和坐标等
（6）	系统当前加工程序行	显示系统当前程序名，动态显示当前加工程序行内容
（7）	系统当前任务栏	指示当前系统加工方式（自动、单段、手动、增量、回零、急停、复位等）、系统运行状态（正常/出错）和当前系统时间
（8）	键盘	用于程序的手动输入及编辑
（9）	选定坐标系下的坐标值	坐标系可在机床坐标系、工件坐标系和相对坐标系之间切换。显示值可在指令位置、实际位置、剩余进给、补偿值及跟踪误差等之间切换
（10）	工件坐标零点	工件坐标系零点在机床坐标系下的坐标

7.2.2.3　华中 HNC-21T 系统控制面板介绍

华中 HNC-21T 数控系统控制面板各按钮及其功能如表 7-2 所示。

表 7-2　华中 HNC-21T 数控系统控制面板各按钮的功能

按　钮	功　　能
自动	用于机床的自动加工
单段	按单个程序段执行，执行完一个程序段后，必须再次单击"循环启动"按钮，才能执行下面的程序段
手动	手动控制机床，如手动移动机床各轴、主轴正反转等
增量	每单击一次该按钮，机床移动一步，移动距离由倍率调整，当手轮有效时，增量方式变为手摇，倍率仍有效
回零	只有单击该按钮，机床才可进行回零操作
空运行	用于程序的快速空运行，此时程序中的F代码无效
×1 ×10 ×100 ×1000	增量方式下的倍率修调按钮，单位是脉冲当量，即每个脉冲0.001mm。如单击 ×1000 按钮，指示灯亮，其速度为1000×0.001mm=1mm，相应坐标轴移动1mm
超程解除	当坐标轴运行超程时，单击此按钮并同时按下超程方向的反方向按钮，可解除超程
Z轴锁住	单击此按钮，如果手动移动Z轴，Z轴不运动
机床锁住	单击此按钮，将禁止机床的所有运动
冷却开停	手动方式下，单击该按钮，冷却液开（默认为关），再次单击，冷却液关

按　　钮	功　　能
换刀允许	"手动"方式下，单击该按钮，使得"允许刀具松/紧"操作有效（适用于气动换刀装置）
刀具松紧	"手动"方式下，单击该按钮，松开刀具（默认为夹紧），再次单击，则夹紧刀具（适用于气动换刀装置）
主轴定向	"手动"方式下，单击该按钮，主轴立即执行定向功能。定向完成后，指示灯亮，主轴准确停止在某一固定位置
主轴冲动	"手动"方式下，单击该按钮，主轴电动机以机床参数设定的转速和时间转动一定的角度
主轴制动	"手动"方式下，主轴处于停止状态时，单击该按钮，指示灯亮，主轴电动机被锁定在当前位置
主轴正转	在MDI方式已经初始化主轴转速的情况下，在"手动"方式下，单击此按钮，主轴按给定的速度正转
主轴停止	单击该按钮，主轴停止转动
主轴反转	在MDI方式已经初始化主轴转速的情况下，在"手动"方式下，单击此按钮，主轴按给定的速度反转
主轴修调 － 100% ＋	主轴倍率修调按钮，主轴转动时，单击 － 按钮，主轴转速降低；单击 ＋ 按钮，主轴转速增加；当选为 100% 时，转速等于设定的转速
快速修调 － 100% ＋	快速倍率修调按钮，修调刀架快速进给的速度。作用同上
进给修调 － 100% ＋	进给倍率修调按钮，修调进给速度的倍率。作用同上
+4TH +Y +Z －X 快进 +X －Z －Y －4TH	在"手动"模式下控制机床各轴的运动，当按住某轴运动键，同时按住快进键时，机床以快进速度运动，否则以设定的进给速度运动
循环启动	用于程序的启动。当模式在"自动"、"单段"、MDI时有效。单击此按钮可进行自动加工或模拟加工
进给保持	单击此按钮，自动运行中的程序将暂停，再次单击该按钮，程序恢复运行
键盘	单击此按钮，可打开键盘，再次单击该按钮，可隐藏键盘
手轮	单击此按钮，可打开手轮，单击 ⬅ 按钮可隐藏手轮
⬤	紧急停止按钮

7.2.2.4　华中 HNC-21T 系统的功能菜单结构

华中 HNC-21T 数控系统的功能菜单分为主菜单、一级子菜单和二级子菜单。在主菜单中按下相应功能键，系统会显示该功能的下一级子菜单。用户根据需要在一级子菜单中按下相应功能键，系统会显示该一级菜单的二级子菜单。如图 7-13 所示，在主菜单中按下 F4 功能键，在弹出的一级子菜单中再按 F3 键，系统会继续显示坐标系设定的二级子菜单。当要返回主菜单时，按一级子菜单中的 F10 键即可，如果当前是二级子菜单，则连续按两次 F10 键即可返回主菜单。

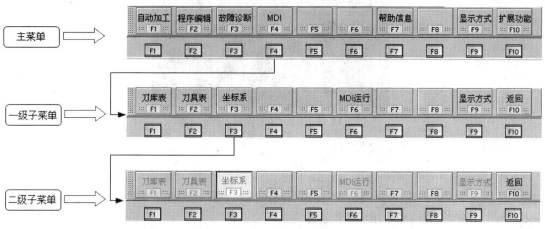

图 7-13　华中 HNC-21T 数控系统的功能菜单结构

7.3　数控加工仿真软件的操作方法

7.3.1　操作方法概述

本节具体讲解仿真软件的操作方法，其中包括选择机床、回参考点、定义毛坯、安装夹具、放置零件、刀具的选择、对刀、程序的输入、自动加工以及加工后测量等。

7.3.2　相关知识

7.3.2.1　启动机床

1．选择机床类型

具体介绍请参考 7.2.2.1 节，这里不再赘述。

2．启动机床

检查急停按钮是否松开至 ⊙ 状态，若未松开，单击急停按钮 ⊙，将其松开。

3．机床手动回参考点操作

检查操作面板上的回零指示灯 回零 是否亮，若指示灯亮，则已进入回零模式；若指示灯不亮，则单击 回零 按钮，使回零指示灯亮，进入回零模式。

在回零模式下，单击控制面板中的 +X 按钮，此时 X 轴将回零，CRT 上的 X 坐标变为 0.000。同样，单击 +Z 按钮，可使 Z 轴回零。此时 CRT 界面如图 7-14 所示。

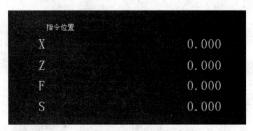

图 7-14　回零后 CRT 界面上的显示值

7.3.2.2　定义毛坯与选择刀具

1．定义毛坯

（1）单击数控加工仿真系统界面左上角的图标 ⊿ 或选择菜单栏中的"零件"→"定义毛坯"命令，系统将自动弹出"定义毛坯"对话框。

（2）设置"定义毛坯"对话框中的内容，如名字、形状、材料和尺寸，设置完毕后，单击"确定"按钮，完成定义毛坯的操作，如图 7-15 所示。

图 7-15　"定义毛坯"对话框

2．放置零件

（1）单击数控加工仿真系统界面中的图标 ⚒ 或选择菜单栏中的"零件"→"放置零

件"命令，系统将自动弹出"选择零件"对话框，在列表中单击所需的零件，选中的零件信息加亮显示，单击"安装零件"按钮，系统自动关闭该对话框，如图 7-16 所示。

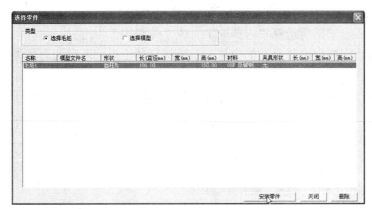

图 7-16　"选择零件"对话框

（2）零件放置完成后，可以利用位置调整箱调整零件的位置，如图 7-17 所示。通过单击调整箱中的方向按钮，实现零件的平移和旋转。选择菜单栏中的"零件"→"移动零件"命令，也可以打开位置调整箱。

图 7-17　位置调整箱

3．选择刀具

选择菜单栏中的"机床"→"选择刀具"命令或者单击工具条中的 按钮，系统将弹出"车刀选择"对话框，如图 7-18 所示。系统中数控车床允许同时安装 8 把刀具。

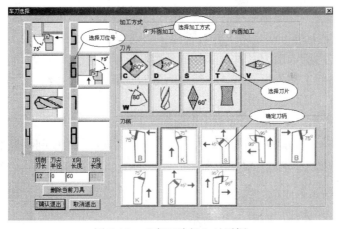

图 7-18　"车刀选择"对话框

（1）选择车刀

① 在对话框左侧排列的编号 1～8 中，选择所需的刀位号。刀位号即为刀具在车床刀架上的位置编号。被选中的刀位编号的背景颜色变为蓝色。

② 指定加工方式，可选择"内圆加工"或"外圆加工"方式。

③ 在"刀片"栏中选择所需的刀片，系统将自动给出相匹配的刀柄供选择。

④ 选择刀柄。当刀片和刀柄都选择完毕后，刀具被确定，并且输入到所选的刀位中。刀位号右侧对应的图片框中显示装配完成的完整刀具。

> **提示**：如果在"刀片"栏中选择了钻头，系统只提供一种默认刀柄，则刀具已被确定，并显示在所选刀位号右侧的图片框中。

（2）修改刀尖半径

仿真系统中，允许操作者修改刀尖半径，刀尖半径的范围为 0～10mm。

（3）修改刀具长度

刀具长度是指从刀尖开始到刀架的距离，也允许修改。刀具长度的范围为 60～300mm。

（4）输入钻头直径

当在"刀片栏"中选择钻头时，"钻头直径"文本框亮显，允许输入直径值。钻头直径的范围为 0～100mm。

（5）删除当前刀具

单击"删除当前刀具"按钮，可删除当前选中的刀位号中的刀具。

（6）确认选刀

选择完刀具，并完成刀尖半径（钻头直径）和刀具长度的修改后，单击"确认退出"按钮可完成选刀，刀具按所选刀位安装在刀架上；单击"取消退出"按钮可退出选刀操作。

7.3.2.3 车床对刀

数控程序一般按工件坐标系编程，对刀的过程就是建立工件坐标系与机床坐标系之间关系的过程。车床对刀的方法是将工件右端面中心点与主轴线的交点设为工件坐标系原点。

试切法对刀是用所选的刀具试切零件的外圆和端面，由试切直径和长度计算刀具偏置的方法，选择需要的工件坐标系，系统经过测量和计算自动计算出工件端面中心点在机床坐标系中的坐标值。具体操作步骤如下：

（1）装好刀具后，单击控制面板中的 手动 按钮切换到"手动"方式。借助"视图"菜单中的"动态旋转"、"动态放缩"和"动态平移"等工具，利用控制面板中的按钮 -X +X、-Z +Z，使刀具移动到可切削零件的大致位置，如图 7-19 所示。

（2）单击控制面板中的 主轴反转 或 主轴正转 按钮，使主轴转动；单击 -Z 按钮，移动 Z 轴，用所选刀具试切工件外圆，如图 7-20 所示。

（3）单击 +Z 按钮，将刀具退至如图 7-21 所示位置。单击 -X 按钮，试切工件端面，如图 7-22 所示。单击控制面板中的 主轴停止 按钮，使主轴停止转动。

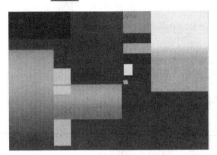

图 7-19　移动刀具

图 7-20　试切工件外圆

图 7-21　退刀

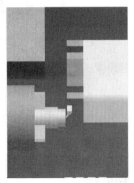

图 7-22　试切工件端面

（4）按软键 MDI F4 ，在弹出的下级子菜单中按软键 刀偏表 F2 ，进入刀偏数据设置页面，如图 7-23 所示。

（5）利用方位键 ▲ ▼ 将亮条移动到要设置为标准刀具的行，按软键 标刀选择 F5 设置标准刀具，绿色亮条所在行变为红色，此行即被设为标准刀具，如图 7-24 所示。

刀偏号	X偏置	X偏置	X磨损	Z磨损	试切直径	试切长度
#XX0	0.000	0.000	0.000	0.000	0.000	0.000
#XX1	0.000	0.000	0.000	0.000	0.000	0.000
#XX2	0.000	0.000	0.000	0.000	0.000	0.000
#XX3	0.000	0.000	0.000	0.000	0.000	0.000
#XX4	0.000	0.000	0.000	0.000	0.000	0.000
#XX5	0.000	0.000	0.000	0.000	0.000	0.000
#XX6	0.000	0.000	0.000	0.000	0.000	0.000
#XX7	0.000	0.000	0.000	0.000	0.000	0.000
#XX8	0.000	0.000	0.000	0.000	0.000	0.000
#XX9	0.000	0.000	0.000	0.000	0.000	0.000
#XX10	0.000	0.000	0.000	0.000	0.000	0.000
#XX11	0.000	0.000	0.000	0.000	0.000	0.000
#XX12	0.000	0.000	0.000	0.000	0.000	0.000

图 7-23　刀偏数据设置页面

刀偏号	X偏置	X偏置	X磨损	Z磨损	试切直径	试切长度
#XX0	0.000	0.000	0.000	0.000	0.000	0.000
#XX1	0.000	0.000	0.000	0.000	0.000	0.000
#XX2	0.000	0.000	0.000	0.000	0.000	0.000
#XX3	0.000	0.000	0.000	0.000	0.000	0.000
#XX4	0.000	0.000	0.000	0.000	0.000	0.000
#XX5	0.000	0.000	0.000	0.000	0.000	0.000
#XX6	0.000	0.000	0.000	0.000	0.000	0.000
#XX7	0.000	0.000	0.000	0.000	0.000	0.000
#XX8	0.000	0.000	0.000	0.000	0.000	0.000
#XX9	0.000	0.000	0.000	0.000	0.000	0.000
#XX10	0.000	0.000	0.000	0.000	0.000	0.000
#XX11	0.000	0.000	0.000	0.000	0.000	0.000
#XX12	0.000	0.000	0.000	0.000	0.000	0.000

图 7-24　设置标准刀具

（6）选择"测量"→"剖面图测量"命令，弹出如图 7-25 所示的对话框，分别单击刀具所切线段，线段由红色变为黄色，分别记下下面列表中对应的 X 的值，此为试切后工件的直径值，将其填入刀偏表中的"试切直径"栏。

（7）在刀偏表"试切长度"栏输入工件坐标系 Z 轴零点到试切端面的有向距离。

（8）按软键 标刀对刀 F7 ，在弹出的下级子菜单中用方位键 ▲ ▼ 选择所需的工件坐标系，如图 7-26 所示。按 Enter 键确认，设置完毕。

（9）采用自动设置坐标系对刀后，机床根据刀偏表中输入的"试切直径"和"试切长度"，经过计算自动确定选定坐标系的工件坐标原点，在数控程序中可直接调用。

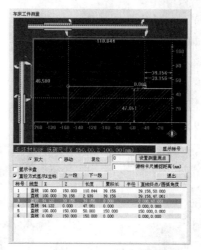

图 7-25　剖面图测量图　　　　　　7-26　选择工件坐标系

提示：

（1）采用自动设置坐标系对刀前，机床必须先回机械零点。

（2）试切零件时主轴需转动。

（3）Z 轴试切长度有正、负之分。

7.3.2.4　车床刀具补偿参数

车床的刀具补偿包括在刀偏表中设定的刀具的偏置补偿、磨损量补偿和在刀补表中设定的刀尖半径补偿，可在数控程序中调用。

1．输入磨损量补偿参数

刀具使用一段时间后磨损，会使产品尺寸产生误差，因此需要对刀具设定磨损量补偿。步骤如下：

（1）在起始界面中按软键 MDI F4，进入 MDI 参数设置界面。

（2）按软键 刀偏表 F2 进入参数设定页面，如图 7-27 所示。

（3）如果实际加工测量的工件直径比设计尺寸小 0.05mm，用 ▲ ▼ ◀ ▶ 以及 PgUp PgDn 将光标移到对应刀偏号的 X 磨损栏中，按 Enter 键后输入 0.05，修改完毕再按 Enter 键确认，就向 X 轴正方向补偿了 0.05mm；反之，如果实际加工测量的工件直径比设计尺寸大 0.05mm，则输入-0.05，就向 X 轴负方向补偿了 0.05mm。

（4）Z 轴方向的磨损在"Z 磨损"栏中输入，输入方法与 X 轴方向的输入方法相同，且当刀尖向正方向移动时取正号，反之取负号，数值的大小为实测的误差值。

刀偏表:

刀偏号	X偏置	Z偏置	X磨损	Z磨损	试切直径	试切长度
#XX0	0.000	0.000	0.000	0.000	0.000	0.000
#XX1	0.000	0.000	0.000	0.000	0.000	0.000
#XX2	0.000	0.000	0.000	0.000	0.000	0.000
#XX3	0.000	0.000	0.000	0.000	0.000	0.000
#XX4	0.000	0.000	0.000	0.000	0.000	0.000
#XX5	0.000	0.000	0.000	0.000	0.000	0.000
#XX6	0.000	0.000	0.000	0.000	0.000	0.000
#XX7	0.000	0.000	0.000	0.000	0.000	0.000
#XX8	0.000	0.000	0.000	0.000	0.000	0.000
#XX9	0.000	0.000	0.000	0.000	0.000	0.000
#XX10	0.000	0.000	0.000	0.000	0.000	0.000
#XX11	0.000	0.000	0.000	0.000	0.000	0.000
#XX12	0.000	0.000	0.000	0.000	0.000	0.000

图 7-27　刀偏表

2．输入刀具偏置量补偿参数

按软键 刀偏表 F2 ，进入参数设定界面，如图 7-27 所示，将 X、Z 的偏置值分别输入对应的补偿值区域（方法同输入磨损量补偿参数）。

3．输入刀尖半径补偿参数

（1）按软键 刀补表 F3 进入参数设定页面，如图 7-28 所示。

（2）用 ▲ ▼ ◀ ▶ 以及 PgUp PgDn 将光标移到对应刀补号的“半径”栏中，按 Enter 键后，此栏可以输入字符，可通过控制面板中的 MDI 键盘输入刀尖半径补偿值。

（3）修改完毕，按 Enter 键确认或按 Esc 键取消。

刀补表：

刀补号	半径	刀尖方位
#XX00	0.000	0
#XX01	0.000	0
#XX02	0.000	0
#XX03	0.000	0
#XX04	0.000	0
#XX05	0.000	0
#XX06	0.000	0
#XX07	0.000	0
#XX08	0.000	0
#XX09	0.000	0
#XX10	0.000	0
#XX11	0.000	0
#XX12	0.000	0

直径　毫米　分进给　%100　%100　%0

MDI:

图 7-28　刀补表

4．输入刀尖方位参数

车床中刀尖共有 9 个方位，如图 7-29 所示。

数控程序中调用刀具补偿命令时，需在刀补表（如图 7-28 所示）中设定所选刀具的刀尖方位参数值。刀尖方位参数值根据所选刀具的刀尖方位参照图 7-29 得到，输入方法同输入刀尖半径补偿参数。

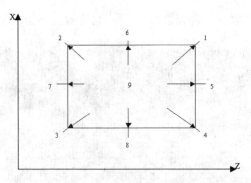

图 7-29   刀尖的 9 个方位

提示：

（1）刀补表和刀偏表的**#XX1～#XX99**行可输入有效数据，并可在数控程序中调用。

（2）刀补表和刀偏表中**#XX0**行虽然可以输入补偿参数，但在数控程序调用时数据被取消。

7.3.2.5   程序编辑与管理

1．选择程序

（1）选择磁盘程序

① 按软键 显示方式 F9 ，根据弹出的菜单按软键 F1，选择"显示模式"，根据弹出的下一级子菜单再按软键 F1，选择"正文"。

② 按软键 程序编辑 F2 ，进入程序编辑状态。在弹出的下级子菜单中按软键 选择编辑程序 F2 ，弹出菜单 磁盘程序 F1 / 当前通道正在加工的程序 F2 ，按软键 F1 或用方位键 ▲ ▼ 将光标移到"磁盘程序"选项上，按 Enter 键确认，则选择了"磁盘程序"，弹出如图 7-30 所示的对话框。

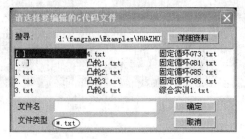

图 7-30   选择磁盘程序

③ 单击控制面板或键盘上的 Tab 键，使光标在各文本框和命令按钮间切换。光标停留在"文件类型"文本框中时，单击 ▼ 按钮，可在弹出的下拉列表框中通过 ▲ ▼ 选择所需的文件类型，按 Enter 键可输入所需的文件类型；光标停留在"搜寻"文本框中时，单击 ▼ 按钮，可在弹出的下拉列表框中通过 ▲ ▼ 选择所需搜寻的磁盘范围，此时文件名列表框中显示所有符合磁盘范围和文件类型的文件名。光标停留在文件名列表框中时，可通过

▲　▼　◀　▶ 选定所需程序，再按 Enter 键确认所选程序，也可将光标停留在"文件名"文本框中，按 Enter 键后输入所需的文件名，再按 Enter 键确认。

（2）选择当前正在加工的程序

① 按软键 显示方式 F9，根据弹出的菜单按软键 F1，选择"显示模式"，根据弹出的下级子菜单再按软键 F1，选择"正文"。

② 按软键 程序编辑，进入程序编辑状态。在弹出的下级子菜单中按软键 选择编辑程序 F2，再按软键 F2 或用方位键 ▲　▼ 将光标移到"当前通道正在加工的程序"选项上，按 Enter 键确认，选择"当前通道正在加工的程序"，此时 CRT 界面上显示当前正在加工的程序。如果当前没有正在加工的程序，则弹出如图 7-31 所示的对话框，单击 确定(Y) 按钮确认。

图 7-31　当前没有正在加工的程序

（3）新建一个数控程序

若要创建一个新程序，则按软键 选择编辑程序 F2，选择"磁盘程序"或按 F1，在"文件名"文本框中输入新程序名（不能与已有程序名重复），按 Enter 键即可，此时 CRT 界面上显示一个空文件，可通过 MDI 键盘输入所需程序。

2．程序编辑

选择了一个需要编辑的程序后，在"正文"显示模式下，可根据需要对程序进行插入、删除、查找和替换等编辑操作。

（1）移动光标

选定了需要编辑的程序后，光标停留在程序首行首字符前，利用方位键 ▲　▼　◀　▶，可使光标移动到所需的位置。

（2）插入字符

将光标移到所需位置，利用控制面板上的 MDI 键盘，可将所需的字符插在光标所在位置。

（3）删除字符

在光标停留处单击 BS 按钮，可删除光标前的一个字符；单击 Del 按钮，可删除光标后的一个字符；按软键 删除一行 F6，可删除当前光标所在行。

（4）查找

按软键 查找 F7，在弹出的对话框中通过 MDI 键盘输入所需查找的字符，按 Enter 键确认，可立即开始进行查找。

若找到所需查找的字符，则光标停留在找到的字符前面；若没有找到，则弹出"没有找到字符串 xxx"的对话框，单击 确定(Y) 按钮确认，如图 7-32 所示。

图 7-32　"没有找到字符串 xxx"提示对话框

（5）替换

按软键 ，在弹出的对话框中输入需要被替换的字符，按 Enter 键确认，在随后弹出的对话框中输入需要替换成的字符，按 Enter 键确认，将弹出如图 7-33 所示的对话框，单击 确认(Y) 按钮则进行全文替换；单击 取消(N) 按钮则可根据如图 7-34 所示的对话框选择是否进行光标所在处的替换。

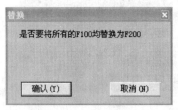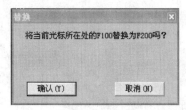

图 7-33　是否全文替换　　　　　　图 7-34　是否进行光标所在处的替换

（6）保存文件

对数控程序做了修改后，软键"保存文件"变亮，按软键 保存文件 F4，程序将按原文件名、原文件类型和原路径保存。

（7）另存为文件

按软键 文件另存为 F5，系统将弹出如图 7-35 所示的"文件另存为"对话框。

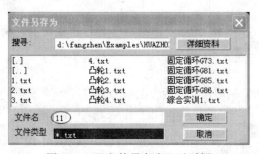

图 7-35　"文件另存为"对话框

① 单击控制面板中的 Tab 键，使光标在各文本框和命令按钮间切换。

② 光标停留在"文件名"文本框中时，按 Enter 键，通过控制面板上的键盘输入另存为的文件名。

③ 光标停留在"文件类型"文本框中时，按 Enter 键，通过控制面板上的键盘输入另存为的文件类型；或者单击 ▼ 按钮，在弹出的下拉列表框中通过 ▲ ▼ 选择所需的文件类型。

④ 光标停留在"搜寻"文本框中时，单击 ▼ 按钮，可在弹出的下拉列表框中通过 ▲ ▼

选择另存为的路径。

⑤ 按 Enter 键确定后，此程序按输入的文件名、文件类型和路径进行保存。

3．文件管理

按软键 文件管理 F1，将弹出如图 7-36 所示的菜单，可选择对文件进行新建目录，更改文件名、删除文件和拷贝文件等操作。

（1）新建目录

按软键 文件管理 F1，根据弹出的菜单，按软键 F1，选择"新建目录"命令，在弹出的对话框（如图 7-37 所示）中输入所需新建的目录名。

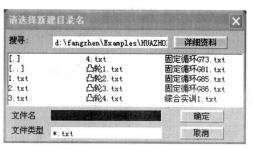

图 7-36　"文件管理"级联菜单　　　　图 7-37　输入所需的新建的目录名

（2）更改文件名

① 按软键 文件管理 F1，根据弹出的菜单，按软键 F2，选择"更改文件名"命令，在弹出的对话框中，通过 Tab 键使光标在各文本框和命令按钮间切换，光标停留在文件名列表框中时，可通过 ▲ ▼ ◄ ► 选定所需改名的程序；光标停留在"文件名"文本框中时，按 Enter 键可输入所需更改的文件名，如图 7-38 所示，输入完成后按 Enter 键确认。

② 在随后弹出的对话框中，通过 Tab 键使光标在各文本框和命令按钮间切换，光标停留在"文件名"文本框中时，按 Enter 键，通过控制面板上的键盘输入更改后的文件名，如图 7-39 所示，按 Enter 键确认，即完成文件名的更改。

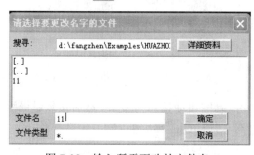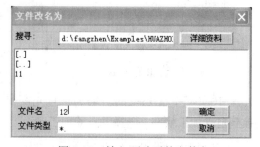

图 7-38　输入所需更改的文件名　　　　图 7-39　输入更改后的文件名

（3）拷贝文件

按软键 文件管理 F1，根据弹出的菜单，按软键 F3，选择"拷贝文件"命令，在弹出的对话框中输入所需拷贝的源文件名，如图 7-40 所示，按 Enter 键确认。在随后弹出的对话框中输入要拷贝的目标文件名，如图 7-41 所示，按 Enter 键确认，系统将弹出如图 7-42 所示的拷贝成功的提示对话框。

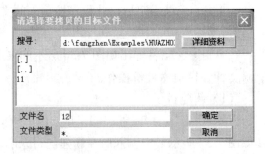

图 7-40 输入需拷贝的源文件名　　　图 7-41 输入要拷贝的目标文件名

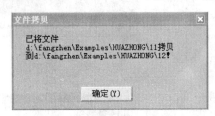

图 7-42 拷贝成功提示

（4）删除文件

按软键文件管理，根据弹出的菜单，按软键 F4，选择"删除文件"命令，在弹出的对话框中输入所需删除的文件名，如图 7-43 所示，按 Enter 键确认。系统接着弹出如图 7-44 所示的确认对话框，单击 确认(Y) 按钮确认；单击 取消(N) 按钮取消。

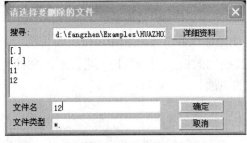

图 7-43 输入所需删除的文件名　　　　图 7-44 是否确认删除

7.3.2.6　自动加工方式

华中 HNC-21T 系统的自动加工首先需要单击自动按钮使指示灯变亮，然后按软键自动加工，切换到自动加工状态，选择供自动加工的数控程序，最后单击循环启动按钮，则开始进行自动加工。

1．选择供自动加工的数控程序

（1）选择磁盘程序

① 按软键自动加工，在弹出的下级子菜单中按软键程序选择，按软键 F1 或用方位键 ▲ ▼ 将光标移到"磁盘程序"上，再按 Enter 键确认，则选择了"磁盘程序"命令，弹出如图 7-45 所示的对话框。

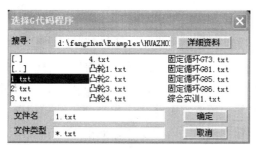

图 7-45 选择磁盘程序

② 在对话框中选择所需要的程序。单击控制面板上的 Tab 键，使光标在各文本框和命令按钮间切换。

③ 光标停留在"文件类型"文本框中时，单击 ▼ 按钮，可在弹出的下拉列表框中通过 ▲ ▼ 选择所需的文件类型，也可按 Enter 键输入所需的文件类型；光标停留在"搜寻"文本框中时，单击 ▼ 按钮，可在弹出的下拉列表框中通过 ▲ ▼ 选择所需搜寻的磁盘范围，此时文件名列表框中显示所有符合磁盘范围和文件类型的文件名。

④ 光标停留在文件名列表框中时，可通过 ▲ ▼ ◄ ► 选定所需程序，再按 Enter 键确认所选程序；也可将光标停留在"文件名"文本框中，按 Enter 键后输入所需的文件名，再按 Enter 键确认。

（2）选择正在编辑的程序

按软键 自动加工 F1，在弹出的下级子菜单中按软键 程序选择 F1，再按软键 F2 或用方位键 ▲ ▼ 将光标移到"正在编辑的程序"上，按 Enter 键确认，则选择了"正在编辑的程序"命令，可调用正在编辑的数控程序。

如果当前没有正在编辑的程序，则弹出如图 7-46 所示的对话框，单击 确认(Y) 按钮确认。

图 7-46 当前没有正在编辑的程序

2．自动/连续方式

（1）自动加工流程

① 检查机床是否回零，若未回零，先将机床回零。

② 检查控制面板中的 自动 按钮指示灯是否变亮，若未变亮，单击 自动 按钮，使其指示灯变亮，进入自动加工模式。

③ 按软键 自动加工 F1，切换到自动加工状态。在弹出的下级子菜单中按软键 程序选择 F1，可选择磁盘程序或正在编辑的程序，在弹出的对话框中选择需要的数控程序。

④ 单击 循环启动 按钮，则开始进行自动加工。

（2）中断运行

按软键[停止运行 F7]，可使数控程序暂停运行，同时弹出如图 7-47 所示的对话框。单击[确认(Y)]按钮，表示确认取消当前运行的程序，则退出当前运行的程序；单击[取消(N)]按钮，表示当前运行的程序不被取消，仍可运行，单击[循环启动]按钮，数控程序从当前行接着运行。

退出当前运行的程序后，需按软键[重新运行 F4]，根据弹出的对话框（如图 7-48 所示），单击[确认(Y)]或[取消(N)]按钮，确认后，单击[循环启动]按钮，数控程序从开始行重新运行。

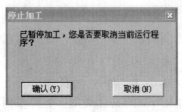
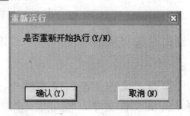

图 7-47　暂停运行　　　　　　　　图 7-48　重新运行

（3）急停

单击急停按钮◯，数控程序将中断运行。继续运行时，先将急停按钮松开，再单击[循环启动]按钮，余下的数控程序从中断行开始，作为一个独立的程序执行。

> ⓘ **提示**：在调用子程序的数控程序中，程序运行到子程序时按下急停按钮◯，数控程序将中断运行，主程序运行环境被取消。将急停按钮松开，再单击[循环启动]按钮，数控程序从中断行开始执行，至子程序结束处停止，相当于将子程序视作独立的数控程序。

3．自动/单段方式

跟踪数控程序的运行过程可以通过单段执行来实现，方法如下：

① 检查机床是否回零，若未回零，先将机床回零。

② 检查控制面板中的[单段]按钮指示灯是否变亮，若未变亮，单击[单段]按钮，使其指示灯变亮，进入自动加工模式。

③ 按软键[自动加工 F1]，切换到自动加工状态。在弹出的下级子菜单中按软键[程序选择 F1]，可选择磁盘程序或正在编辑的程序，在弹出的对话框中选择需要的数控程序。

④ 单击[循环启动]按钮，则开始进行自动/单段加工。

> **提示**：自动/单段方式执行每一行程序均需单击一次[循环启动]按钮。

4．查看轨迹

在选择了一个数控程序后，需要查看程序是否正确，可以通过查看程序轨迹是否正确来判定。方法如下：

① 检查控制面板中的 自动 或 单段 指示灯是否亮，若未亮，单击 自动 或 单段 按钮，使其指示灯变亮，进入自动加工模式。

② 在自动加工模式下，选择一个数控程序后，程序校验 F3 软键变亮，按下此软键。

③ 单击操作面板中的运行控制按钮 循环启动，即可观察程序的运行轨迹，还可通过"视图"菜单中的"动态旋转"、"动态放缩"和"动态平移"等方式对运行轨迹进行全方位的动态观察。

提示：红线代表刀具快速移动的轨迹，绿线代表刀具正常移动的轨迹。

7.4　本章精华回顾

（1）所谓数控仿真，就是采用计算机图形学的手段对加工走刀和零件切削过程进行模拟，具有快速、仿真度高、成本低等优点。它在描绘加工路线的同时，还能提供错误信息的反馈，从而大大降低了废品的产生和误操作，同时保护了人身与设备安全。

（2）数控仿真软件的操作方法包括选择机床、回参考点、定义毛坯、安装夹具、放置零件、刀具的选择、对刀、程序的输入、自动加工以及加工后测量等。

（3）零件在加工完成后需要对各部分尺寸进行测量，检测各部分尺寸是否符合规定尺寸。

（4）数控仿真系统是结合机床厂家实际加工制造经验与高校教学训练一体化所开发的一种机床控制虚拟仿真系统软件。所谓数控仿真，就是采用计算机图形学的手段对加工走刀和零件切削过程进行模拟，具有快速、仿真度高、成本低等优点。

（5）操作面板主要由控制灯和操作键组成，其功能是对机床和操作系统的运行模式进行设置和监控。主要包括急停按钮、进给倍率旋钮、主轴倍率旋钮、启停按钮和手摇脉冲发生器等。

第8章 数控车床的维护和保养

8.1 数控车床安全操作规程

数控车床是一种自动化程度高、结构复杂且昂贵的先进加工设备,与普通车床相比,具有加工精度高、加工灵活、通用性强、生产效率高和质量稳定等优点,特别适合加工多品种、小批量、形状复杂的零件,在企业生产中有着至关重要的地位。

数控车床的操作者除了要掌握好数控车床的性能、精心操作外,还要管好、用好和维护好数控车床,养成文明生产的良好工作习惯和严谨的工作作风,具有良好的职业素质、责任心,做到安全、文明生产,严格遵守以下数控车床安全操作规程:

(1)数控系统的编程、操作和维修人员必须经过专门的技术培训,熟悉所用数控车床的使用环境、条件和工作参数等,严格按机床和系统的使用说明书正确、合格地操作机床。

(2)数控车床的使用环境应避免光的直接照射和其他热辐射,避免潮湿或粉尘过多,特别要避免有腐蚀气体。

(3)为避免电源不稳给电子元件造成损坏,数控车床采取专线供电或增设稳压装置。

(4)数控车床的开机、关机顺序,一定要按照机床说明书的规定操作。

(5)在每次电源接通后,必须先完成各轴的返回参考点操作,然后再进入其他运行方式,以确保各轴坐标的正确性。

(6)主轴起动开始切削之前一定要关好防护罩门,程序正常运行中严禁开启防护罩门。

(7)加工程序必须经过严格检验方可进行操作运行。

(8)机床在正常运行时不允许打开电气柜的门。

(9)手动对刀时,应注意选择合适的进给速度;手动换刀时,刀架距工件要有足够的转位距离,不至于发生碰撞。

(10)加工过程中,如出现异常危险情况,可按下"急停"按钮,以确保人身和设备的安全。

(11)机床发生事故后,操作者要注意保留现场,并向维修人员如实说明事故发生前后的情况,以利于分析问题,查找事故原因。

(12)数控机床的使用一定要有专人负责,严禁其他人员随意动用数控设备。

(13)不得随意更改数控系统内部制造厂设定的参数,并及时做好备份。

(14)要经常润滑机床导轨,防止导轨生锈,并做好机床的清洁保养工作。

8.2　数控车床的维护和保养

数控车床是一种综合应用了自动控制、计算机技术、精密测量和先进机床结构等方面最新技术的高精度机床，与普通机床相比，它简化了机械结构，增加了电气控制及数控部分，使机床能按给定的指令（程序）加工出符合设计要求的零件。数控车床工作效率的高低、各附件的故障率、使用寿命的长短等，很大程度上取决于用户的正确使用与维护。良好的工作环境、技术水平高的操作者和维护者，将大大延长无故障工作时间，提高生产效率，同时可减少机械部件的磨损，避免不必要的失误。

8.2.1　数控车床的操作注意事项

1．加工前的检查准备工作

（1）检查数控车床各手柄、变速杆是否处于正确的位置。"手动"方式下，启动主轴，观察主轴运转情况是否正常。对于手动变速车床，变速时应搬动卡盘，确保主轴箱内变速齿轮正确啮合。

（2）检查切削液、液压油、润滑油的油量是否充足，自动润滑装置、液压泵、冷却泵是否正常工作，液压系统的压力表是否指示在所要求的范围内，各控制箱的冷却风扇是否正常运转及空气滤清器是否有阻塞现象。

（3）检查车床刀轨面是否清洁、切屑槽内的切屑是否已清理干净。

（4）在控制系统启动过程中，查看操作面板上的各指示灯是否正常，各按钮、开关是否处于正确位置，CRT 显示器屏上是否有报警信息显示等，若有问题应及时处理。

2．加工程序的校验与修改

（1）程序输入后，应认真核对代码、指令、地址、数值、正负号、小数点及语法，保证无误。有图形模拟功能的，应在锁住机床的状态下，进行图形模拟，以检查加工轨迹的正确性。

（2）在程序运行中，要观察数控系统上的坐标显示，了解目前刀具运动点在机床坐标系及工件坐标系中的位置。

（3）程序修改时，一定要仔细计算和认真核对修改部分。

3．刀具的装夹

（1）检查各刀的安装顺序是否合理、刀尖是否对中、伸出长度是否合适及刀具是否夹紧。

（2）手动方式换刀，以检查换刀动作是否正确，注意刀具与工件、尾座是否有干涉现象。

（3）每把刀首次使用时，必须先验正其实际长度与所给刀补值是否相符。

（4）试切和加工中，刃磨或更换刀具后，一定要重新测量刀长并修改刀补值和刀补号。

4．装夹工件、对刀及工件坐标系的设定与检查

（1）按工艺规程找正、装夹工件。

（2）正确测量和计算工件坐标系，并对所得结果进行验证和验算。

（3）尽管不同的数控系统设定工件坐标系的指令各不相同，但基本原理是一致的。其实质是通过对刀及设定工件坐标系，将工件的位置传递给数控系统。

（4）将工件坐标系输入到偏置页面，并对坐标、坐标值、正负号、小数点进行认真核对。

5．首件试切

（1）无论是首次加工的零件，还是周期性重复加工的零件，首件都必须对照图样工艺、程序和刀具调整卡，进行单程序段加工。

（2）单段试切时，快速倍率开关必须打到低档，无异常情况后，再适当增大。

（3）刀具偏置及补偿量可由小到大，边试边修改，直至达到加工精度要求。

（4）在进行手摇进给或手动连续进给操作时，必须检查各种开关所选择的位置是否正确，确认手动快速进给按键的开关状态，弄清正、负方向，认准按键，然后再进行操作。

6．加工过程

（1）加工过程中禁止用手接触刀尖和铁屑，铁屑应用毛刷和铁钩清理。

（2）禁止用手或其他任何方式接触正在旋转的主轴、工件或其他运动部位，严禁在主轴旋转时进行刀具或工件的安装、拆卸。

（3）自动加工过程中，不允许打开机床防护门。

（4）加工镁合金工件时，应戴防护面罩，并注意及时清理加工中产生的切屑。

（5）严禁盲目操作或误操作。工作时应穿好工作服、安全鞋，戴好工作帽、防护镜，不可戴手套、领带操作机床。

7．加工完成后

（1）一批零件加工完成后，应核对程序、偏置页面、调整卡及工艺中的刀具号、刀补值，并做必要的整理、记录。

（2）做好机床卫生清扫工作，擦净导轨面上的切削液，并涂上防锈油，以防止导轨生锈。

（3）检查润滑油、切削液情况，及时添加或更换。

（4）依次关闭机床操作面板上的电源开关和总电源开关。

8.2.2　数控车床控制系统的维护与保养

数控系统是数控车床的控制中心，对其进行维护与保养可延长元器件的使用寿命，防止各种故障，特别是恶性事故的发生，从而延长整台数控系统的使用寿命。

1．数控系统的维护与保养

不同数控车床数控系统的使用和维护方法，一般在随机所带的说明书中都有明确的规定。总的来说，应注意以下几点：

（1）制定严格的设备管理制度，定岗、定人、定机，严禁无证人员随便开关机。

（2）制定数控系统日常维护的规章制度。根据各种部件的特点，确定各自的保养条例。

（3）严格执行机床说明书中的通断电程序。一般来讲，通电时先强电后弱电，先外围设备（如纸带机、通信 PC 机等）后数控系统。断电时与通电顺序相反。

（4）应尽量少开数控柜和强电柜的门。因为机加工车间空气中一般含有油雾、飘浮的灰尘甚至金属粉末，一旦它们落在数控装置内的印刷线路板或电子器件上，容易引起元器件间绝缘电阻下降，并导致元器件及印刷线路板的损坏。为使数控系统能超负荷长期工作，采取打开数控装置柜门散热的降温方法更不可取，其最终结果是导致系统的加速损坏。因此，除进行必要的调整和维修外，不允许随便开启柜门，更不允许敞开柜门加工。

（5）定时清理数控装置的散热通风系统。应每天检查数控装置上各个冷却风扇工作是否正常。视工作环境的状况，每半年或每季度检查一次风道过滤网是否有堵塞现象。如过滤网上灰尘积聚过多，需及时清理，否则将会引起数控装置内部温度过高（一般不允许超过 55～60℃），致使数控系统不能可靠地工作，甚至发生过热报警现象。

（6）定期维护数控系统的输入/输出装置。光电式纸带阅读机、软驱及通信接口等是数控装置与外部进行交换的一个重要途径，如有损坏，将导致读入信息出错。为此，纸带阅读机小门、软驱仓门应及时关闭；通信接口应有防护盖，以防灰尘、切屑落入。

（7）定期保养伺服电动机。对于数控车床的伺服电动机，要在 10～12 个月进行一次维护保养，加速或者减速变化频繁的机床要在 2 个月进行一次维护保养。维护保养的主要内容有：用干燥的压缩空气吹去电刷的粉尘，检查电刷的磨损情况，如需更换，需选用规格型号相同的电刷，更换后要空载运行一定时间使其与换向器表面吻合；检查、清扫点枢整流子以防止短路；如装有测速电动机和脉冲编码器，也要进行定期检查和清扫。

（8）注意保养长期不用的数控车床。在数控车床闲置不用时，应经常给数控系统通电，在机床锁住的情况下，使其空运行。在空气湿度较大的梅雨季节应该天天通电，利用电器元件本身发热驱走数控柜内的潮气，以保证电子元器件的性能稳定、可靠。

（9）经常监视数控装置用的电网电压。数控装置通常允许电网电压在额定值的 10%～15%范围内，频率在±2Hz 内波动，如果超出此范围就会造成系统不能正常工作，甚至会引起数控系统内的电子部件损坏。必要时可增加交流稳压器。

（10）定期更换存储器电池。存储器一般采用 CMOS RAM 器件，设有可充电电池维持电路，防止断电期间数控系统丢失存储的信息。在正常电路供电时，由+5V 电源经一个二极管向 CMOS RAM 供电，同时对可充电电池进行充电。当电源停电时，则改由电池供电，保持 CMOS RAM 的信息。在一般情况下，即使电池尚未失效，也应每年更换一次，以确保系统能正常工作。注意，更换电池应在 CNC 装置通电状态下进行，以避免系统数据丢失。

（11）维护备用印刷线路板。印刷线路板长期不用是很容易出故障的，因此，对于已购置的备用印刷线路板应定期装到数控装置上通电运行一段时间，以防损坏。

2．数控车床的维护与保养

不同型号数控车床的维护要求不完全一样，各种机床的具体维护要求在其说明书中都有明确规定。某数控车床具体的维护与保养要求如表 8-1 所示。

表 8-1 数控车床维护与保养要求

序号	检查周期	检查部位	检查要求
1	每天	机床外表	清理铁屑和油污
2		主轴头	清理主轴头、锥孔、夹紧卡盘
3		操作面板	面板清洁,指示灯指示正常,各按键、按钮、转动开关灵敏、可靠
4		CRT显示屏	检查是否有报警提示,若有应及时处理
5		导轨润滑油箱	检查油量、油标,及时添加润滑油,检查润滑液压泵是否定时起动打油及停止
6		主轴润滑恒温油箱	检查其工作是否正常、油量是否充足、温度范围是否合适
7		机床液压系统	检查油箱泵有无异常噪声、工作油面高度是否合适、压力表指示是否正常、管路及各接头有无泄漏
8		压缩空气气源压力	检查气动控制系统压力是否在正常范围之内
9		X、Z轴向导轨面	清除切屑和脏物,检查导轨面有无划伤损坏,润滑油是否充足
10		各防护装置	检查机床防护罩是否齐全有效
11		电气柜各散热通风装置	检查各电气柜中冷却风扇是否工作正常、风道过滤网有无堵塞,及时清洗过滤器
1	每周	各电气柜过滤网	清洗粘附的尘土
1	不定期	冷却液箱	随时检查液面高度,及时添加冷却液,太脏时应及时更换
2		排屑器	经常清理切屑,检查有无卡住现象
3		主轴驱动带松紧	按机床说明书调整传动带松紧程度
1	半年	主轴系统	检查锥孔跳动;检查、调整主轴传送带用V带、编码器用同步V带的张力
2		机床精度	按机床说明书的要求调整机床的几何精度
3		各轴导轨上镶条,压紧滚轮	按说明书要求调整松紧状态
4		滚珠丝杠	清洗滚珠丝杠上的旧油脂,更换新油脂
5		主轴润滑恒温油箱	清洗过滤器,更换润滑油
6		检查和更换电动机电刷	检查换向器表面,除去毛刺,吹掉碳粉,及时更换磨损过多的电刷
1	一年	液压油路	清洗溢流阀、减压阀、滤油器和油箱,更换过滤液压油
2		主轴润滑恒温油箱	清洗过滤器、油箱,更换润滑油
3		冷却液压泵过滤器	清洗冷却油池,更换过滤器
4		滚珠丝杠	清洗丝杠上的润滑脂,涂上新油脂

表 8-1 只列出了数控车床的常规检查内容,不同的数控车床应按机床说明书中规定的

内容进行维护与保养。总之，只有做好日常维护与保养工作，才能使数控车床的故障率大幅度降低，提高其利用率，充分发挥机床的性能。

8.3　数控车床常见的操作故障

数控车床的故障种类繁多，包括电气、机械、系统、液压、气动等部件的故障，产生的原因也比较复杂，但很多故障是由操作人员操作机床不当引起的，数控车床常见的操作故障有：

（1）机床未回零点。

（2）主轴转速超过最高转速限定值。

（3）程序内没有设置 F 或 S 值。

（4）进给修调 F%或主轴修调 S%开关设为空挡。

（5）回零时离零点太近或回零速度太快，引起超程。

（6）程序中 G00 位置超过限定值。

（7）刀具补偿测量设置错误。

（8）刀具换刀位置不正确（换刀点离工件太近）。

（9）刀具半径补偿方向错误。

（10）G40 取消不当，引起刀具切入已加工表面。

（11）对刀位置不正确，工件坐标系设置错误。

（12）G 指令使用错误。

（13）切削用量太大。

（14）刀具钝化。

（15）程序中使用了非法代码。

（16）切入、切出方式不当。

（17）工件材料不均匀，引起振动。

（18）机床被锁紧。

（19）断电后或报过警的机床没有重新回零。

（20）机床处于报警状态。